U0195776

伊林经典科普小丛书

ZHONGBIAO DE GUSHI

钟表的故事

〔苏联〕伊林 著 董纯才 译

浙江文艺出版社

图书在版编目(CIP)数据

钟表的故事 / (苏)伊林著;董纯才译. —杭州:浙江
文艺出版社,2019.1
(伊林经典科普小丛书)
ISBN 978-7-5339-5515-1

Ⅰ.①钟… Ⅱ.①伊… ②董… Ⅲ.①钟表—普及
读物 Ⅳ.①TH714.5-49

中国版本图书馆 CIP 数据核字(2018)第 286124 号

责任编辑 王晓乐 周 佳
封面设计 瑞芮文化 Lika
责任校对 唐 娇
责任印制 吴春娟

钟表的故事

〔苏联〕伊 林 著 董纯才 译

出版 浙江文艺出版社
地址 杭州市体育场路 347 号
邮编 310006
网址 www.zjwycbs.cn
经销 浙江省新华书店集团有限公司
制版 杭州天一图文制作有限公司
印刷 杭州杭新印务有限公司
开本 880 毫米×1230 毫米 1/32
字数 66 千字
印张 4.625
插页 2
印数 0001-8000
版次 2019 年 1 月第 1 版 2019 年 1 月第 1 次印刷
书号 ISBN 978-7-5339-5515-1
定价 20.00 元

序　言①

　　苏联著名科普作家伊林的作品,到现在为止,我译出的有《几点钟》②《黑白》③《十万个为什么》《人和山》《不夜天》④《苏联初阶》六本。

　　说到翻译伊林的作品,我不禁想起了亡友华恺。最初把这位名作家的佳作介绍给我并鼓励我翻译的,就是这位诚恳真挚的朋友。

---

① 这篇文章原是《不夜天》中文初版(1937年)时译者董纯才先生所写的附录,文章较长,做了些删改后,现移置于此,作为序言。伊林的科普作品多写于20世纪二三十年代,由于时代的变迁和科技的发展,其中某些说法可能已有所变化,本着尊重原著的原则,未做改动,请读者明辨。

② 浙江文艺出版社2019年版更名为《钟表的故事》。

③ 浙江文艺出版社2019年版更名为《书的故事》。

④ 浙江文艺出版社2019年版更名为《灯的故事》。

"在静安寺路一家德国书店里，有几本苏联的新型儿童科学读物，你可以去买来看看。你们写作儿童科学读物的人，很可以看看他们的写法。"这是1932年秋他对我说的话。

几天后，他就陪我一同到那书店去买书，当时看见的，就是《几点钟》和《黑白》。

我先买了一本《几点钟》。这书写得非常好。我认为这样的作品是值得翻译出来介绍给中国大众的。他也极力怂恿我译，并且设法代我接洽出版的地方。于是花了两三星期的工夫，我就一口气把这本书译成了。

1933年春，华恺又把《黑白》买来了。他本想自己译它。可是后来他又把书给了我，让我翻译：

"还是你来译吧。同一个人译同一个作者的东西，也许比较顺手一点呢。"

我当然是很高兴地接受了他的美意，像译《几点钟》一样，在两三星期内，一口气完成了这件工作。

自从译了这两本佳作后，我对伊林的作品，就有了很深的爱好。以后这位青年作家的新作一到中国，我就去买来翻译。

《十万个为什么》是在 1933 年冬译出的。

此后有两年多,不见伊林的新作。直到 1936 年初夏,才买到《人和山》。译者差不多是日夜不停笔地费了一个多月的心血,才把它从那横行文字翻成方块字。

《不夜天》是 1937 年 2 月从国外买来译出的。

《苏联初阶》本是伊林最初轰动文坛的杰作,可是我反而迟到最近才译出。这是因为中国早先已经有了一个译本,我原来不打算译的。

在《不夜天》寄到之前,我忽然动了译《苏联初阶》的念头。后来跟 C 兄谈起我这个意图,他也很赞成。

好在一本外国名著,有两个以上的译本,是常有的事。多一个译本,并不一定是坏事,说不定倒可以使这部杰作更容易流传开来。

于是,前前后后总共用了一个月的工夫,这部名著的翻译算是完成了。

译者深信,伊林的作品是给少年和大众的不可多得的精神上的粮食,所以总是抱着一颗热烈的心来翻译。我希望这样有益又有趣的书能够深入到大众里面。

译过伊林这几本书之后,我觉得他的作品,不只是文字优美,而且立论非常正确,他是用一种正确的新的世界观去看一切事物。换句话说,他是用历史的观点去看一切事物。在他的作品里,他描写的事物是跟着时代在那儿变化不息的。

比如,他讲文字、纸、笔、墨水、印刷、钟、表、灯等等发明,他一面描写历史的背景,一面说出它们是怎样跟着时代逐步发展的。他不是把科学和发明"写成一篇现成的发现和发明的总账",而是写成"人类跟物质阻力和传统思想搏击的战场"。

我们就拿《不夜天》来做例子说吧。这本书讲的是灯的发明故事。伊林描写人类当初没有灯,用烟火照明的情形。后来人们觉得烟火不方便,又费木柴,于是由有松脂的木柴想出了替代烟火的引火木。再进一步,又由引火木发明了火炬;由火炬发明了油灯。

等到工业发达,城市兴起之后,人们要在夜里工作,于是对又亮又便宜的灯的需要比以前更迫切。因此,有很多人在这方面努力研究,于是煤油灯、煤气灯、电灯,都相继应时出现。

这显然告诉我们,各种灯的发明是跟着时代的发展而发展的。它们自成一个系统。古式灯是现代灯的祖宗。每种新式灯的发明，都是从旧式灯蜕变来的。换句话说，新式灯的发明是旧式灯由低级形态发展到了高级形态。

普通人都把电灯的发明归功于爱迪生一个人。可是伊林却不这样看。他认为爱迪生不过是许多灯的发明人当中的一个。电灯是由煤油灯和煤气灯演变来的。爱迪生的发明，不过是前人的发明更进一步发展的成果。

因为伊林是用历史的观点去看事物的，所以他的作品，每本都写出了人类生活进化史的一面。

他把"历史上的人类从蒙昧时代以及其原始的半意识的生活形态进化而来的情形指示给儿童看"，使他们知道一点从烟火发明者到爱迪生所经历的过程，从简陋的原始生活到光明的人生大道所经历的过程。

他根据最进步的现代科学假设写成生动的故事。这些故事不只是给读者一些科学知识，并且还在字里行间随时给读者一个新的光明的启示。

我们读了伊林的作品，觉得它们跟普通科学书有一点明显的区别。那就是普通科学书总是讲化学的讲化学，讲天文的讲天文，讲地质的讲地质，讲动物的讲动物……都是各自单纯地讲自己那一部门,很少讲到各部门之间的联系。我们读了这些书之后,所见到的世界只能是支离破碎的部分,而不是完整的全体。

可是,伊林的作品,常常描写出事物与事物的联系。事物在自然界里是交相错杂、浑然一体的,彼此之间都有关联。科学家们为了研究的便利,才把科学分门别类。伊林的作品,常常打破这种人为的科学上的界限,描写出自然界错综复杂的关系,使人能洞察自然界的全体机构。

例如,在《人和山》里,讲改造河流的时候,他就描写到地质、鱼类、农业等等跟河流的关系。讲控制气候的时候,他就写出化学、电气、生理学、数学、技术工程、经济、政治等等跟气象的关系。作者简直把自然和社会熔化于一炉。他一面描写出自然界错综复杂的关系,一面又讲到人们应该怎样共同地去征服自然,建设理想的社会。

伊林的这一特色,也就是他给我们的一大贡献:他使我们看见了世界的整个机构。

伊林的作品跟普通科学书还有一点显著差别,就是一般科学读物,不是记账式地叙述,就是抽象地说理,非常单调无味,使人不愿意去亲近。

刚好相反,伊林的作品,却是用散文的笔法,借具体的形象来描写事物的现象和道理,极其生动有趣,非常受人欢迎。他凭了他那不可多得的才能,把奥妙复杂的事物,简单明白地讲出来。

举例来说吧。在《几点钟》里,他讲钟表的调节器,并不是抽象地说理,而是用公园的旋转栅这样的东西来做比喻。在《不夜天》里,他借用自来水管来说明电池的原理。他用这样具体的东西来做比喻,读者一看,就很容易明了了。

枯燥无味的理论,奥妙复杂的事物,经伊林这样用文艺的笔墨写出来,不但使人读来容易明白,并且让人觉得津津有味。他是一个学识渊博的科学家,同时又是一个在政治和文学上都有修养的作家,所以他能用艺术的手法传布科学知识。他打破了文艺书和通俗科学书之间明显的界限,因此他写出的东西,都是有文学价值的通俗科学书。这些书都是用简练质朴、清楚明白的文笔,深入浅出地写成的作品,有些简直是优美动人的散文诗。难怪它们能很快地畅销全球,获得广大读者的喜爱,让人爱不释手呢。

总括一句话,伊林的作品,立论非常正确,描写极其动人。译者敢以十分的热忱，把这些优秀的作品介绍给中国大众。惭愧的是译者没有传神之笔，译文怕是远比不上原文那么优美。如果译文再有不忠实的地方，那还要请大家不客气地指教。

董纯才

目　　录

上　卷

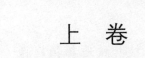

上　卷

雄鸡扑棱扑棱地拍拍翅膀，

唱着歌儿迎接天亮。

　　　　——茹科夫斯基《晨钟》

如果没有钟,世界会是什么样子

那两根小针对我们是多么有意义啊。它们一圈一圈地旋转,好像永远不会到达什么地方。

想想看,如果全世界的钟表突然都坏了,明天将成个什么局面呢!那不知要闹得怎样混乱呢!

铁路上的火车会闹出乱子的,因为你是依据时刻

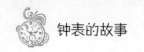

表去管理交通,而时刻表是依据计时的。

轮船在海洋上,会迷路的。因为船长是依据计时推算轮船所在的地点的。

那些大工厂里,也会闹得一团糟的,因为大工厂的机器是依照时刻表开动的。制造的货物川流不息地由这个工作台传递到那个工作台,由这个工人传递到那个工人。整个工厂工作起来,好像是几百架机器组成的一架大机器。这些有力的大机器,却全受口袋里一个小

机器的支配。这个小机器便是表。如果这表停了,就会弄得这个工作台上的工作太快,那个的太慢。在一个短时间之内,整个工厂的组织,会弄得乱七八糟,以至于停顿下来。

　　还有学校里又会怎么样呢?数学老师在那儿兴高采烈地讲解他的数学题目,也许会超过规定的时间还不让你们下课。

如果你打算晚上到戏院去看戏,你会到得太早,遇见你的朋友们无聊地站在紧闭的门前等候着。或者你到那儿,正是散场的时候,好像光是为了去看观众争先恐后地领取衣帽。

或者假定你决意晚上留在家里消遣,请些客人来玩玩,倒是很好。恐怕你要一个钟头、两个钟头、三个钟头地等候着他们。茶炉里的火,早已熄灭了,你的眼睛也睁不开了。最后你睡了,相信朋友不会来了。没有人在半夜访友的。但是不到几分钟,就响起了一阵喧哗

声,乒乒乓乓地敲门。你的客人们到了。照他们计算,此刻不过十点钟,一点也不迟。

如果没有钟,世界上会发生什么,你可以讲出许许多多滑稽的或悲惨的故事。

然而世界上确实有一个时期,无论什么钟都没有,一个也没有,用摆走的那种没有,用发条走的那种也没有。但是人们过日子,绝不能不分时间,他们想出了种种方法来划分时间。他们用什么来测量时间呢?

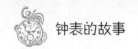

古　董　店

　　我相信在读这本书以前,你们一定会从头到尾,把书中所有的图画看一遍。我们常常这样看书,看这本书有没有趣味。

　　我不知道你们对这本书作何感想,但是我相信你们看了这些图画,不会一点疑惑也没有。这许多东西,粗粗一看,好像是彼此不相关的,它们到底是些什么东西呢?它们好像是古董店里的宝贝,都是偶然搜集来的。

　　在某一页上面有一根印度婆罗门的杖,刻满了古代的文字。下一页上有一个青铜钟,带着年代悠久的绿色,上面凸刻了许多圣贤的肖像。

　　这里是一本古书,有很厚的皮面,装着扣带,一点不像我们在现代的书上看见的东西。封面上布满着小孔,好像钉孔。这是老鼠干的把戏,这些老鼠已经死了很久很久了。

再往下,是一盏油灯,一点也不像现代所用的洋油灯。灯上没有玻璃灯罩,也没有灯头。它的芦苇灯芯在冒烟,将墙壁涂上了一层黑烟网。

接着是一件中国的玩具,好像一只小船装着一个龙头。有一支蜡烛,用线分为二十四段。在一个柱脚旁,立有两个爱神。一个在叫喊,一个用小杖指点柱上所写的东西。

后来,在这很久没人摸的旧废物中,有一只雄鸡——一只真的活雄鸡,拍拍它的翅膀,啼着:

"喔——喔——喔!"

这有什么意义呢?为什么在关于钟的故事的书里有这些东西的图画呢?

杖啦,书啦,灯啦,龙船啦,蜡烛啦——在没有真正的摆钟的时候,就是用它们来报时的。

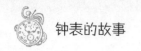

奥古斯丁的故事

　　但是我不知道，你对书中那些古怪难懂的图画，经过这番解释之后，是不是减少了一些疑惑。

　　杖、书、灯，它们怎能当作钟呢？

　　这正是要说明的一点。测量时间，有种种不同的方法。无论什么东西，只要能经历相当的时间，便可用来测量时间。好比无论什么东西，只要有长度，便可用来测量长度。

　　你阅读一页书，要花费一定的时间。那么，你测量时间的长短，可以按照你阅读了几页书来计算。你可以说，你将在读完二十三页书后去睡觉，或说你的兄弟在读完两页书以前到房里来。

奥古斯丁的赞美诗

　　这就是那些古怪难懂的图画的一种解释。那本被老鼠咬破了封面的厚书,是一本赞美诗。这本祷告书,是黑衣教士奥古斯丁的。他是寺院的敲钟人。每天晚上,在半夜后三点钟,他要敲钟唤醒教士们做早祷。但是在没有时钟的时代,他在夜里怎样知道时间呢?因为他生在一千年以前,当时是绝对没有钟的。

　　奥古斯丁有个很简单的方法可以报时。到了傍晚,他就开始读他的赞美诗,一读到:"To the leader of the chorus of Idifumov, Psalm of Asaphs."——他就跑到钟楼去。

　　的确，他有一次误了事——他伏在书上睡着了。等他醒来，太阳已高照在天空了。他当然挨了寺院院长德西德里厄斯的一顿责骂。

　　因此你可以明白，书并不是一种准确的计时器。比如，你读得快，一个小时可以读二十页。但是你的兄弟在相同的时间内，读不完两页。那么你有你的时间，他有他的时间。但是时间对于每个人应该是一样的。

　　因此在那千万种计时的方法中，只有极少数的方法是好的。

天空的时钟

奥古斯丁的故事,还没有完结呢。不但是那些教士依着他的钟声起身,他的钟声还唤醒寺院附近那小镇上的居民。

我刚对你们说的这天早晨,居住在寺院附近的铁

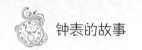

匠啦,染匠啦,鞋匠啦,羊毛商人啦,卖纽扣和念珠的小贩子啦,都没有听见钟声,等到他们被那灿烂的阳光唤醒的时候,有些人以为发生了一种奇迹——半夜里出太阳。但是等他们完全清醒了,他们便发觉太阳比奥古斯丁要可靠得多——因为太阳不会吃喝得太多,奥古斯丁可就免不了这种毛病。

　　人们常把太阳当作最可靠的时钟。在一天没有被分作二十四小时的时候,人们就靠着太阳报时辰。现在,我们仍旧不说"某某时间",而说"黎明"、"中午"

太阳好比是个天空的钟

（即指太阳正当天顶的时候）、"日落时候"、"黄昏"、"日落之后"。

在城市中，现在是没有人想起依太阳计算时辰了。但是在乡村的人们，仍旧常用天空的时钟。因为他们缺少更好的时钟。农村人并不像城里人那样需要知道准确的时间。他并不一定要在一个准确的时刻去工作。他们的时刻表，是非常简便的：日出而作，日落而息。照这样做便行了。

从前没有城市和工厂的时候，人们并不觉得需要把时间测量得十分准确，原来是不足为怪的。

但是后来，城市在各处蓬勃兴旺起来，繁华的市场和商品陈列所出现了，工场里开始有铁锤的响声了，商人们的货车在大路上排列成长条的行列了——于是人们就觉得天空的时钟不够准确。因为凭肉眼看一看，不能很准确地说太阳从升起之后，在天空中行走了多远。我们怎样能将这个距离测量得更准确呢？

最简单的方法是用脚步来测量，就是像人们从前用老方法测量地面的距离一样。在那个时代，脚步就是

量影子

测量距离的工具,正和现代的米或码是一样的。但是天空不是平地,你并不能够爬上去。

幸而世界上总有人能做到别人认为做不到的事。如同现代的人们能在空中飞行,能在水底航行,就是分住异地,也能够互相谈话一样,古时候的人就是这样解决了那不能解决的问题——他们知道用脚步来测量时间。

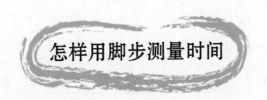

怎样用脚步测量时间

　　两千三百年前，古希腊作家阿里斯托芬写的一部喜剧中，雅典妇人普拉克萨哥拉对她的丈夫勃列庇洛斯说："等影子有十步长的时候，你涂了香油来吃晚饭。"

　　你看，那时候的人们修饰的方法是多么奇怪啊。他们不把身上的污垢洗去，却涂上各种香膏和香油。污垢也没有关系，只要它看不出来，闻起来很香便好了。但是这不是我们所要讨论的问题。"十步长"这几个字有什么意义呢？

　　显然是普拉克萨哥拉和勃列庇洛斯住的房屋附近，有一座石柱或纪念碑。在天晴的日子——在希腊差不多天天都是晴天——这座纪念碑就投下一个影

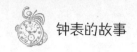

子。人们走过影子的时候只要用脚步去量它就可以知道白天的时辰。早晨影子较长,中午最短,傍晚又长起来了。

这就是怎样用脚步测量时间的答案。照例是这样,谜语看起来多么复杂,谜底却似乎总是那么简单。

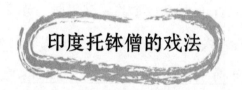

印度托钵僧的戏法

从前当作时钟用的石柱,叫作日晷碑。你看,日晷碑是一种很不便利的时钟。它不但只能在晴天指示时辰,指示得又不很准确,而且你还不能把它带在身边上路。可是旅行的时候,是很需要时钟的。

印度托钵僧用一种很简单、很巧妙的方法解决了这个问题。他们将寻常的手杖,当作一个时钟。托钵僧

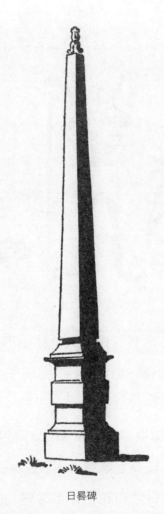

日晷碑

长途旅行往圣地瓦拉纳西去的时候,他们就带着一根特别的手杖。

印度托钵僧和他的表

　　这种手杖,并不像我们的手杖。不是圆的,而是八边形的。杖顶的每一面都穿了一个小孔,孔中可以安插一个短木钉。

　　托钵僧要知道白天的时刻,只需提着杖顶上系着的线,将他的手杖提起来就得了。那木钉在杖边上投射的影子,可以告诉他现在是什么时刻。他不必每次去量那影子的长度,因为杖边上刻了许多度数,指示钟点。

　　但是为什么要许多边呢?按说一边就够了。这是因为一年四季,太阳的行程是不同的。所以随太阳转移的影子,冬天和夏天就不相同了。夏季太阳升上天空比冬季高得多。所以中午投下的影子,夏季比冬季短。

因为这个原因,那手杖要这么多的边。每边只适用于一季,而不适用于别的季节。比如:现在是10月初,那托钵僧便把木钉插在注有"Ariman"那一边的孔里。"Ariman"是月份的名字,即我们9月15日到10月15日的时期。

像这样的时钟,你自制一个也很容易。只要四边便够了——因为你只在乡下过四个月。冬天用不着杖,而且出太阳的时候也不多。

做这样一个时钟,要花费你四天的工夫,每一个月里花一天。你早上起来的时候,譬如说是在七点钟,你将木

一个印度的轻便表

21

钉插入一边的孔里,在影子的末端刻个记号。在八点钟,也照样做个记号,这样每隔一小时做一次,直到太阳下山为止。

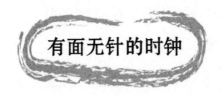

有面无针的时钟

在普拉克萨哥拉和勃列庇洛斯的时候,希腊各地都有一种比较方便的新式时钟。据说这种新发明是由巴比伦传至希腊的。巴比伦是古时候因学者而出名的城市。

巴比伦在那个时代是世界上最大的城市之一。街市很繁盛热闹。有整队的士兵走过,步伐极其整齐,有商人卖香膏、糖果和装饰品。有鬈须的花花公子,手指上戴着指环,手中拿着金头细手杖,到处闲游。许多高楼大厦,巍然耸立,俯视着这些快乐的形形色色的东方

人。这是两千五百年前的巴比伦。在这样一个富庶的城市中,科学能兴盛昌明,自然不算稀奇。

希腊人从巴比伦人那里学了不少的东西,正像俄国人在彼得大帝时代,向德国人、荷兰人和瑞典人学习一样。巴比伦人教希腊人把时间分成相等的部分——小时。经过许多年代,这种分法,由希腊传到欧洲其他各国。据说希腊人从巴比伦人那里学会制造一种新式的时钟——有钟面的最早的时钟。这种时钟,却缺乏一种小东西,就是指针。

指针吗？但是时钟怎能没有指针呢？你要知道，确实有这种时钟，并且你不必跑到亚洲那样远的地方，在俄罗斯就有很多没有指针的时钟。从圣彼得堡到莫斯科的路上，沿路仍旧竖立了许多路程碑，还是叶卡捷琳娜二世时建立的。在圣彼得堡沿着万国巷(靠近芳丹卡，在第七红军街)一带，和靠近俄洛夫斯基门的儿童村中，也有几个路程碑。

儿童村中的路程碑的一面上写着：

从圣彼得堡至此二十二俄里①。

另一面有一块石板，石板中央竖立一个三角形的铁片，周围刻着罗马字，罗马字用来标明时辰。铁片的影子是代替指针用的，当太阳上升的时候，影子像时针一样地移动，就可以标明白天的时辰。

这就是一个日晷仪，和古代巴比伦人所用的一样。

————————

① 俄里，俄国长度单位，1俄里约等于1.0668千米。

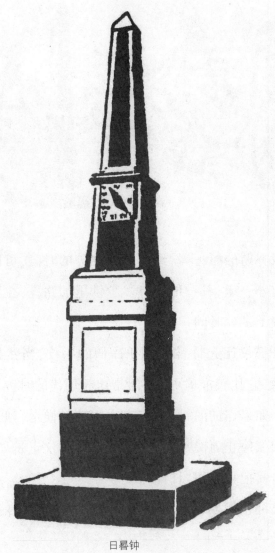

日晷钟

　　俄罗斯的旅行者,经过这路程碑的时候,可以从车窗里向外一望,看看他还有多少俄里的路程,在路上已经花费了多少时间。

　　日晷仪比起日晷碑和托钵僧的手杖,当然是较好的时钟。它比较准确可靠。但是比起现代的时钟要差很远呢。如果你的时钟,只在出太阳的时候走,到了夜晚或阴天就停止,你决不会满意的。日晷仪正是如此,所以古时候把它叫作"日钟"。

　　夜钟也发明得很早很早,和日晷仪差不多是同时的。

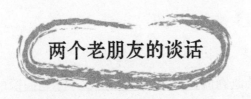

两个老朋友的谈话

伊凡尼奇和彼得罗维奇这两个老朋友已经有十年未相见了。有一天,他俩无意中在街上遇见了。

你猜伊凡尼奇说什么?彼得罗维奇回答什么呢?

我相信伊凡尼奇在两次接吻礼中间说道:

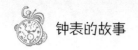

"已经流去了多少水啊,我亲爱的老朋友彼得罗维奇!"

彼得罗维奇回答说:

"不少了,伊凡尼奇,不少了。"

但是他俩懂得这个语句的意义吗?他们谈的是什么水呢?那水流到什么地方去了呢?从什么地方来的呢?

我想这两位老朋友完全不知道怎样解释。

伊凡尼奇所说的这句话,早已失去了它的全部意义,人们只是像鹦鹉一样地说,却不去思索它是什么意义。

它的意义是:很久很久以前,人们发现时间可以用水来测量。你把水装在铜茶壶里,将龙头开开,水就流

铜茶壶

出来。假如水流完要花一个小时，如果不换那龙头，再装入等量的水，那么水流出的时间一定相同——不会半个小时，也不会一个半小时，刚刚一个小时。

这就是说铜茶壶能够当作时钟用。你所要做的事，就是每当水流完以后，再加一次水。

两千五百年前这种时钟在巴比伦是通用的。不过他们不是把水装在铜茶壶里，因为他们没有俄国这样的铜茶壶。他们是把水装在一个又高又长的筒里，靠近筒底有一个孔。派有专人照应这种时钟。在日出的时候，他们便将水装到筒里去。等水都流完了，他们便高声喊叫，向全城市民报告。然后他们再把水装进筒去，每天这样做六次。

这种水钟很不方便，有很多的麻烦。但是水钟无论是在夜里或阴雨天，都可以报时。因此大家把它叫作"夜钟"，使它和日钟或日晷仪有所区别。

不久以前，在中国仍可看见这种旧式的水钟。①

――――――――――

① 水钟在中国叫作"刻漏"或"漏壶"。

中国铜漏

　　用四个大铜桶，安放在石阶上，每级一个。水由上层的桶里流到下层的水桶。照中国人的说法，两小时叫作一个时辰，每隔两小时，看守人就挂出一个小牌，报告什么时辰过去了。

　　他们为什么那样安排铜桶，是很容易明白的。看守人只要把水灌入最上层的一个铜桶里，其余的就会自动地灌进去。我不知道中国现在还有没有这种水钟。但是据说二十五年前，是还有的。

乳钟

乳钟？这是哪一类的胡说？有乳猪，有乳犊，有牛乳巧克力糖，有乳齿。但是到底什么是乳钟呢？

我在一本时钟制造法的旧书中，看到过这种乳钟。这本书说在古埃及，怎样在尼罗河的一个岛上，建立了一座庙宇，供着奥西里斯神①。在庙中央有三百六十个底上有孔的桶，每一个桶，派有一个祭司看管，所以共有三百六十个祭司。每天有一个祭司拿牛乳装满他的

---

① 奥西里斯神，古埃及的主神。

乳钟

桶。牛乳流完刚刚是二十四小时。于是另一个祭司,装满下一个桶,全年就照这样依次轮流下去。

这就使我们不懂,为什么埃及人需要这么多的乳钟,为什么埃及法老想不到裁减奥西里斯庙里的人员。养着三百六十个人,一定会花不少钱的,而他们的职责不过是把牛乳倒入空桶里。

除了牛乳之外,还有别样东西曾用来代替水放在水钟里。从前还有沙钟。现在还有这种钟。开动这种时钟,你只要把它倒转过来就行了。这种计时方法便于测量短时间:比如三分钟、五分钟、十分钟。有些管家婆常用它来计算煮蛋的时间。

　　古时候,人们总以为沙钟里用的沙,是用特别的方法做成的。他们说最好的沙,是将大理石放在酒里煮过九次做成的。每次煮沸的时候,便将浮沫撇去,最后将沙放在太阳下晒干。

沙钟

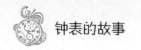

水　钟

最早最简单的水钟,是一个底上有个孔的筒,水从这个孔里一滴一滴漏出。这种水钟不久就被改良了,首先,必须设法使漏筒尽量减少装水的次数。他们不久就想出了办法,把供一个小时用的小漏筒,改成供整天用的大漏筒。但是要计算的不是天数,而是小时数,于是用细线将筒划分成二十四部分。这样水的水平线可以标明时刻。人们只要看看水降下多少就行了。

你们大概看见过那些刻有度数的玻璃杯,那是给病人量药用的。杯上有三条细线:在最下面的一条线

上写着"茶匙",在当中一条线上写着"中匙",在上面一条线上写着"汤匙"。

水钟的筒也是这样刻成度数的。不过水钟上不是刻三条线,而是十二或二十四条线。而且它不是用来量药的,而是量时间的。

但是这种方法仍有不便之处。水从漏筒里流出来的时候,速度不是一律相等的。起初水多的时候,流得快些;后来水减少了,就流得慢些。这种道理是很明显的,水平线越高,压力就越大;压力越大,水流得越快。自来水的道理也是一样:装水的水塔越高,水管中的水就流得越快。

所以在每一个钟点内,开头流出的水比后来流出的要多些。水平线起先低落得很快,后来渐渐慢了。所以线和线之间要画出不相等的距离:越在上面的线,相离越远;越在下面的,相离越近。

还有一个更好的方法:把漏筒做成漏斗形。如果漏斗做得合适,那么线和线之间,就可以刻成相等的距离。

你可以看出,漏斗上部两条线之间的水多于下部

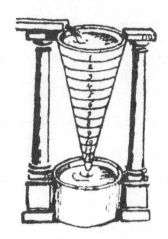

漏斗形的水钟

两条线之间的水,这是很合理的。因为在第一小时内,筒里的水比较多,流出的水比下一小时内流出的也多些。

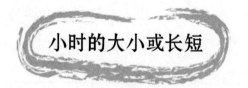

小时的大小或长短

　　假使我说我写这一章刚好要一小时,人人都可以懂得我的意思。但是在两千多年前，人家便会问我所说的小时是哪一种，是大的还是小的。

我们知道，古代的埃及人、希腊人和罗马人，都像我们现在一样，把一天分作二十四小时，但是又不完全相同。首先，他们把二十四小时分作昼夜。昼是从日出到日落，夜是从日落到日出。于是他们把昼夜各分成了十二个小时。但是昼和夜的长短并不是相同的。在夏季，昼间的小时长，夜间的小时短。在冬季，昼间的小时短，夜间的小时长。埃及有些地方，夏季白天的一小时，等于现代的一小时十分钟；冬季白天的一小时，只有五十分钟。

在俄国北方，冬季每日只有很短的时间看得见太阳，那么冬季白天的一小时，怕只有四十分钟左右，这就是小的小时。同时夜里的一小时，就不止一小时，应有一小时二十分钟，这就是大的小时。

所以夏天用的水钟，就不适合冬天用，反过来也是一样。无论如何，这是一定要改良的。冬季的白昼比夏季的短。那么，在冬季，漏斗里应少放水，使它快些流

完。比如，夏季需要两坛水，冬季也许一坛便够了。

但是这个问题不是这么容易解决的。你知道无论冬天夏天，漏斗里的水都应该装满到顶上一道线。如果你不倒入两坛水，只装进一坛，那漏斗便只装满一半。那么我们怎么办呢？我们要怎么办才能做到"又要豺狼吃饱，又要绵羊得保"呢？怎么才能做到使漏斗里的水减少了，还能装满到顶呢？

完备的水钟

这就是他们想出的方法,他们照漏斗的形状,做一个固体的圆锥体,如果将此圆锥体放在漏斗中央,那就要占据漏斗里一些空间,结果漏斗就要少装些水。那么在冬季便把圆锥体放进去,在夏季把它拿出来。圆锥体上也刻着一些线,指明一年中各时期应该放下的深度,使得人人都可升上、放下这圆锥体。

你看,这种时钟比以前的复杂多了。如果当时的人知道把一天分作二十四小时,像我们现在一样,这种水钟就要简单多了。

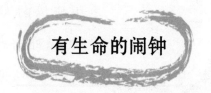

有生命的闹钟

在巴比伦和埃及,就我们所知,很早很早就有了水钟,这种发明由巴比伦和埃及传到希腊,由希腊传

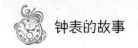

到罗马。罗马最初的水钟,是安置在市场中一个日晷仪旁边的。他们这样做是要借日晷仪来测验水钟的准确度。

水钟很容易损坏,比方说,如果漏水的孔里有一点尘土,就要阻滞水的流出。但是日晷仪只要有太阳,总是很忠实地报告时刻。

有时候,有些富人家里有水钟。有特派的用人装水,负责管理。但是能够自备水钟,只有少数人才这么阔气。一般的市民仍像从前一样,白天靠着太阳,夜晚靠着雄鸡就心满意足了。

当那些白天工作得很疲倦的人正在酣睡时,镇外的雄鸡懒洋洋地啼几声,把他们惊得半醒,他们翻了翻身,又昏昏地甜蜜地睡去——他们知道离天明还早着呢。因为只有在深更半

夜,雄鸡才那样啼,那是一种单调的、睡意沉沉的、隔许久才来一次的啼声。古时候的人们常把这种啼声叫作"初啼"。

但是过一会儿,雄鸡就啼得又密又起劲起来。天快亮了。正像昨天一样,又是一天开始了。

几千年来,人们都用惯了这种活闹钟。也许是因为这个缘故,深夜里雄鸡的啼声会唤醒我们内心莫名的忧愁吧?

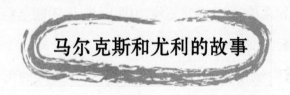

马尔克斯和尤利的故事

两千多年前,人们没有时钟,也能安然过日子。俗话说:"士兵由号角唤醒,老百姓由雄鸡唤醒。"白天太阳报时,一点也不费事。但是,就是在那个时代,在许多场合,时钟已经不被看作是奢侈品,而是必需品。比如,裁判官没有时钟便不行。为了防止审判时间延长,每个人发言都限定了时间,那么他们是必须有时钟的。

希腊和罗马的裁判官,过去用构造最简单的水钟。那种水钟只是一个漏壶,底上有一个孔,水由这孔里流完,大约要一刻钟。希腊语中管水钟叫作"刻勒普西德拉"(klepshydra)。如果有人发表一篇演说,花一个小时,他就要说他的演说花了四刻勒普西德拉。

有一次,有一位演说家,滔滔不绝地演讲了五个小时,后来被一个问题所打断:

"如果你这样一刻不停地讲下去,你还能坚持多少刻勒普西德拉呢?"

这位演说家不知怎样回答,于是在众人的大笑声中,表明他也知道怎样保持静默。

我在一本古书里,看到一个故事,说有一个人的生命,是水钟救活的。

有一个罗马的公民,因暗杀案子受审判。他的名字叫马尔克斯。只有一个证人能够救他,就是他的朋友尤利。但是审问快要完结了,尤利却还没有到堂。

马尔克斯想:"他遇到了什么变故呢?不知道他到底还来不来。"

依照法律,原告、被告和审判官发言的时间,一律相等。每人只能说两刻勒普西德拉,就是半小时。

先是原告发言。他提出种种证据来控告马尔克斯。他犯了杀人罪,应该判处死刑。原告说完了。审判官就问马尔克斯有什么话来辩护。

马尔克斯简直不能开口。他看见那水钟里的水,一滴一滴地流漏出来,他的舌头都吓僵了。他得救的希望

随着一滴一滴的水减少下去。然而仍然不见尤利。

一个刻勒普西德拉已经过去了。第二个刻勒普西德拉正在开始。这时却发生了一件奇怪的事情：那些水滴滴得比以前慢了很多很多。马尔克斯觉得又有了希望。于是他故意拉长他的故事。他讲他的亲属，说他们是如何诚实——讲他的父亲、他的祖父、他的祖母，他刚刚讲到他的祖母的堂兄弟时，原告忽然注意到水钟，叫起来：

"有人抛了一颗石子在水钟里！所以这个犯人至少讲了四刻勒普西德拉了，绝不止两刻勒普西德拉！"

马尔克斯吓得面色苍白。但是正在这个时候，听众开始分开了，尤利从人群中挤到了前面。马尔克斯得救了。

谁把石子抛到刻勒普西德拉里去的呢？

我所读到的那本书中，并没有讲到这个问题。你想这是不是审判官同情那可怜的马尔克斯而做出来的呢？

亚历山大的钟表匠

　　我们所谈的时代，差不多是在两千多年以前，那时埃及的亚历山大城因制造水钟特别著名。那是一个繁盛的商埠。他们时常说，在亚历山大城中，除掉雪以外，无论什么东西都有。世界上第一个时钟制造厂，似乎就是在这个城里创办的。制造时钟，以前本来是操在少数有学问的发明者的手里的，从这时候起才渐渐传到工匠——钟匠师傅的手里。他们叫作"automataries-klepshydraries"，这个词是很不好读的，意思就是"自动水钟制造者"，或"自动刻勒普西德拉制造者"。

　　这些自动水钟到底是什么样的呢？因为我们刚才所谈的刻勒普西德拉，还说不上自动，要使它能够自动

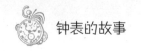

还有很多的困难。

大概在亚历山大城,最早的钟店出现之前二百年,这个城里有一位发明者,发明了一座构造灵巧的新式水钟。他的名字是提西比阿斯。他是一个理发匠的儿子,但是他不欢喜他父亲的职业。他不去为亚历山大人剃胡须,却来用功研究科学,尤其是机械学。

他对于用水做原动力的机器特别感兴趣。因为在那时候,人们还不知道蒸汽和电力。他们唯一的机械动力,便是水和风。瀑布可以转动水车的轮子。风可以转动风车的叶子。提西比阿斯就转出了一个念头。难道不能把水钟改制成自己走动的吗?

提西比阿斯所造的那个时钟,甚至比我们的还要灵巧。因为他要解决的问题是非常复杂的。他所造的时钟必须能够自己转动,不论冬天夏天都能准确地指示时间。而且还有一点不要忘记,在那时候,钟点的长短,每天都有变化。提西比阿斯还得顾及这一点。

提西比阿斯在阿森罗厄庙里所安置的时钟,就像下图所示的。这个时钟是这样造的:钟点都用罗马数字

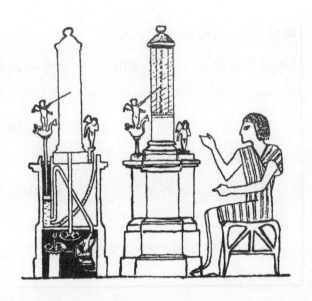

和阿拉伯数字标注在柱子上。罗马数字代表夜里的钟点，阿拉伯数字代表日里的钟点。这不是一个有趣的日晷仪吗？不过不像我们的那样，它不是圆的，而是垂直的。

这个时钟的指针，是一根小棒，握在一个有翅膀的小孩子的手中。这个孩子站在一根管子上面。这根管子自动地从钟里跑出来，把那孩子慢慢地从柱底一直举到柱顶。那指针(即那小棒)随着那孩子的移动，指示时间。当然，那孩子从柱底升到柱顶，就是二十四小时。然

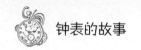

后,他降落下去,再慢慢地升上来。

然而这样还没有完事。在那时候,一年中各时期的钟点是长短不一的。所以在那柱子上,不止一个钟面,应有十二个,就是每月都有一个。这柱子在一个轴上慢慢旋转,把各组数字,轮流带到那孩子的棒下。

你可以看出,这是一种非常精巧的时钟。但是我想你们并不难了解它的构造,只要你们细心去看我所告诉你们的说明,记着看那些图画,图画中指明了它的里面是怎样构造的。

在柱子的那边,另有一个有翅膀的小孩,他不断地流泪,仿佛在痛惜一去不复返的光阴。水由一根小管子流入他的身体里,再由眼睛里流出来,像在流眼泪一样。这孩子的泪,一滴一滴地坠落在他的脚下,经过一根小管子流到另一个孩子下面的一个小箱子里。在这个箱子里有一个软木做的浮物,那根小管子安在那个浮物上,那个手握指针的小孩就立在那根小管子上。

箱里的水向上升,浮物就向上升,那个拿着指针的爱神,当然随着上升。当他达到柱顶时,他的手杖就指着Ⅻ,于是箱里的水便急忙由一根倒Ⅴ形的曲管中流出,浮物就连带着小孩一同落下去。第二天开始了,这孩子又重新开始他的小旅行。

那图画就是表明水从曲管流出时候的情形。

我们必须明白那柱子怎样安置才能在轴上转动。水从曲管里正对一个水轮流出来。这个水轮就带着同轴的小齿轮转动。这个小齿轮的齿嵌在第二个小齿轮的齿中间,因此就把第二个小齿轮带动了。第二个小齿轮又带动第三个小齿轮,第三个小齿轮再带动第四个小齿轮,这样凭着四个小齿轮互相传动,水轮就使那带着柱子的轴转动起来。

每隔二十四小时,水由曲管流出,推动水轮,就使那柱子转动一点。这样它每年使柱子转一整周。第二年,一切再从头开始。

你看,这种时钟能够永远继续不断地走,所需要的只是一套装置简单的水管。这种刻勒普西德拉当然配得上说是自动的了。

在提西比阿斯之后,人们开始制造更灵巧更复杂

的时钟。有一幅水钟的图画,从外表看来,它和现在的时钟差不多是一样的。它有圆的钟面,有指针,还有钟摆。不过那钟摆不太重,不像现在的时钟的钟摆。它是木头做的,很轻,很像软木的浮物,浮在一个小盆里,这小盆里时刻有水往外流着。水平面低落下去,浮物也就低落下去,于是使那机器转动起来。

《一千零一夜》里的时钟

在地中海沿岸——意大利、希腊、埃及——已经有开化的民族居住的时代,全欧洲几乎都还住着半开化的野蛮的游牧民族。当时在现今法国和德国居住的人,和后来的蒙古人没有什么大差别。

但是时代常常是变更的。现在蒙古的平原上,汽车

喇叭常常惊动那些长毛骆驼。在蒙古人的旧帐篷上方
飞翔着巨大的白鸟——俄国的飞机由俄国飞往中国。
在古代也是一样。发明啦,习俗啦,方法啦,都是慢慢
地由地中海沿岸传入北方,深入到那些游牧民族的区
域里。

　　法国的第一个水钟大约是在提西比阿斯时代之后
七百年出现的。这是意大利国王狄奥多里克[1]送给他的
邻邦同盟国勃艮第国王冈都巴德的一个水钟。

---

[1] 狄奥多里克、冈都巴德、波伊提乌都是公元 5 世纪末 6 世纪初的人。
——原书编者注

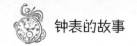

　　狄奥多里克国王居住在北意大利美丽的拉韦纳城，他有一个又聪明又有学问的大臣，叫作波伊提乌。波伊提乌，是一个非常聪明的技师。他奉了狄奥多里克国王的圣旨，制造了一个时钟，不但能指示时间，而且还能指示星辰的运动。

　　当勃艮第国王冈都巴德统治里昂城的时候，他听到这个消息，就命人写了一封信给狄奥多里克，要求：一、一个日钟；二、一个水钟。它既可以指示时间，又可

以指示天体的运动。

波伊提乌领了狄奥多里克国王的圣旨,造了一个非常巧妙的时钟。这座时钟被送到里昂城时还附有说明书,指示使用的方法。狄奥多里克和冈都巴德往来的函件,一直到现在还保留着。

此后的很长一段时间,水钟在法国仍旧是稀有的珍品。国王时常从意大利或东方收到水钟,因为制造水钟的技术,在这些地方仍旧保存着。

761年,丕平王收到罗马教皇送的一个水钟,在那时候又叫"夜钟"。最奇异的是统治阿拉伯的哈里发何鲁纳·拉施德送给查理大帝的那个时钟。何鲁纳·拉施德住在巴格达,是鼎鼎大名的阿拉伯国王,有许多故事都是为他编成的。查理大帝住在亚斯,也是个鼎鼎有名的皇帝。这个时钟就是从遥远的巴格达送到亚斯的。

有许多故事和诗歌描写这两位人物。我们大家都曾经被《一千零一夜》中的故事所迷醉,并且还记得那位阿拉伯国王,他常常扮作一个穷人,和他的宰相在巴

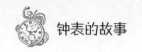

格达街上闲游。

正是这位何鲁纳·拉施德，他送给查理大帝一个水钟，在那个时候，这种东西是一件艺术珍品。

查理大帝的朋友兼大臣爱因哈德，对这个时钟的描写如下：

波斯王的大使阿布达拉，亲自带了两个僧侣谒见皇帝。那两个僧侣乔治和菲力克斯从波斯王那儿带了几样礼物来献给查理。礼物中有一个镀金的时钟，制造得非常巧妙。有一个特别的机械，是凭水力转动的，可以指示时间。这钟会响着报时。每小时有一定数目的小铜球，落在钟脚下的一个铜盘里。有十二扇门通达钟的内部，每小时有一扇门打开。在正午的时候，有十二个小骑士，从十二扇门中跑出，他们随手将门关起来。这钟还有许多奇异的特色，是法国人以前所没有看见过的。

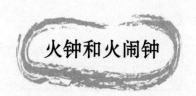

火钟和火闹钟

有很长一段时间,水钟在法国和欧洲其他国家仍是一件珍品。在查理大帝之后三百年,在那些富足的寺院里和华贵的王宫里,都可以看到这种自鸣水钟,但是大多数寺院和一般的城乡,依然和以前一样没有时钟。

僧侣没有时钟,顶难过日子。一天八次,每隔三小时,寺院里就要敲钟召集他们做祈祷。早祷之后,就是教堂第一时(就是现在上午七时、八时、九时的时光)的祈祷,随后是第二时(就是现在午前十时、十一时、十二时的时光),整天都是照这样做下去的。

可以想象得到那可怜的敲钟人,是很辛苦的。他常常要从钟塔里看看外面的太阳和星星，推测时辰。如果看不见太阳或星星，他只有像奥古斯丁教士一样，读赞美诗来测量时刻。

烛钟

另外还有一个很好的方法。那就是放一定分量的油在灯里，或把蜡制成蜡烛，用来测量时间。有一个时期，这种火钟非常普遍，所以人家常常用"一支烛"或"两支烛"来回答"现在是什么时间"这句问话。一夜分成三支烛，比如说现在是"两支烛"，意思就是说夜已过去三分之二了。他们为了更准确地测量时间，也有用油灯和划为许多段的蜡烛的。

但是那时候的油灯点起来，火焰是不均匀的。蜡烛的粗细又不一样。所以用这两样东西测量时间，都不太合适。能够容忍这些缺点只是因为没有别的时钟。这就叫作"独眼龙在瞎子当中充大王"。有些寺院的规矩是，教敲钟人听夜里的鸡啼。

据说现在中国还采用一种火闹钟。拿一根用细木

屑和松香做成的香，放在一只小龙船里。用一根线系两个小铜铃，横挂在船中央。把香一头点着。香烧到线的时候，线

中国火闹钟

就断了，两个小铃就叮当一声落在船底的金属盘里。

巴黎市民一向都是照教堂的钟声安排他们的时间的。鞋匠、木匠、纺织工人、织带工人，都是在第一次晚祷钟响的时候歇工。面包师傅烘面包，直烘到教堂做早祷的时候为止。木匠歇工，是在圣母院大教堂敲第一次钟的时候。

夏天晚上八点钟，冬天晚上七点钟，钟发出这样的信号：熄灭灯火。于是人人都急忙熄掉灯烛去睡觉。

这是很有趣的。在那时候，计算时间非常困难，钟点又容易

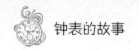

失去常轨。有些聪明人就煞费苦心去思索如何划分钟点这个问题。

比如，有人主张将一个钟点这样分：一点钟＝四刻＝十五部分＝四十片刻＝六十分＝二万二千五百原子。

又有人反对他，主张一个钟点应该这样分：一点钟＝四刻＝四十片刻＝四百八十盎司＝五千六百四十分。

所有这些胡说八道早已被人们忘记了。但是直到有摆和锤的时钟出现之后，才能把一小时分成若干部分——就是分成"分"和"秒"。

下　卷

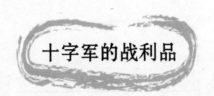

十字军的战利品

有锤的时钟是谁发明的呢？我们不十分清楚。但是我们知道这种时钟，最初是由十字军从巴勒斯坦带来的。像在何鲁纳·拉施德时代一样，阿拉伯人在技术上比欧洲人开化、进步。

在那骑士城堡阴暗的大厅里，墙壁已经被火把熏得漆黑，风可以自由地吹过，如同在野外一样。在这大厅里，已经开始有了华美的土耳其地毯、丝绸的帷幕、杂色的土耳其长烟管，还有凸花纹的大马士革钢制的马刀。有锤的时钟大概也是跟着那些东方的奢侈品一起由十字军带来的。

无论如何，我们知道，七百年前土耳其苏丹萨拉丁

赠送给他的朋友腓特烈二世一座精巧的有锤的时钟。这座时钟值五千威尼斯金币——在那时候,这是一个很大的数目。

五十年后,在欧洲出现的第一个塔钟,是英王爱德华一世定制的一个大时钟,被安置在伦敦议院上面威斯敏斯特塔上。这是一座四边形的高塔,上面有一个圆的尖顶。它巍然耸立在鳞次栉比的建筑物当中,像一个巨人立在矮人队里似的。

英国人把这座最早的时钟称为大汤姆，登上大汤姆，一共有三百六十步。四百年来，大汤姆鸣报钟点，没有中断过一次。这座老钟塔，在伦敦多雾的日子里，好像是大海中的一座灯塔，向各方发出它那铿锵的警号，好像是说：

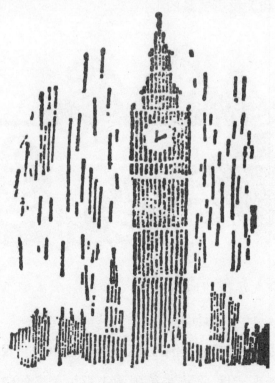

大汤姆钟塔

光阴过去了！赶快呀,赶快呀,赶快呀!

议院里那些议员,戴着假发,穿着长袍,坐在钟塔下面开会。他们听到钟声也许会停住鹅毛笔,想想比法律、赋税和关税更要紧的事情。

后来大汤姆的地位,被另一个时钟大本继承下去了。但是这个我们且留待以后再谈。

此后不久,其他欧洲城市,渐渐都有塔钟出现。法国国王查理五世,派人去德国聘来那位著名的制钟专家亨利·德·腓克，命令他在巴黎王宫的塔上安置一个时钟。这位德国技师制造这座时钟费了八年工夫。这座时钟完成之后，他得到一天六个苏(法国古铜币)的薪水，居住在钟塔里，管理那座时钟。

过了几年，又有一位制钟专家，叫作让·儒旺斯，是个法国人，他给国王的宫堡制造一座时钟。钟上有一段铭文：

法国国王查理五世

借儒旺斯之助

建于1380年。

让·儒旺斯和亨利·德·腓克是当时两位制钟专家的名字，一直传流到现在。

俄国第一个市钟，于1624年建立在克里姆林宫的一座塔上。现在斯巴士卡雅塔就是建在从前这座钟塔所占据的位置上。

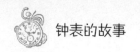

时钟和井

　　我们有许多人，在儿童时代，常以为时钟是个有生命的东西，嘀嗒嘀嗒地响，就是它的小心脏在里面跳动。如果打开那钟盒一看，有许多光亮的小轮子在运动，这使我们惊愕得不得了。那简直是一个有秩序的工厂。

　　这一切井然有序的运动，只不过是推动时针和分针那两个懒家伙。一眼看去，它们好像完全不动似的。

　　现在所有的工厂都有一个发动机——像蒸汽机、柴油机，或者是类似的发动机——使全厂所有的机器开动。时钟也必须有一种发动机，因为时钟并不真是有生命的。

　　你曾看见过一个用辘轳取水的井吗？辘轳是一种

圆轴,轴上绕着绳索。绳索的一头系在辘轳上,另一头悬挂一个提桶。如果你握着柄,转动辘轳,就可以吊起一桶水来。如果你将柄一放,你费了许多力气拉上来的提桶,就急速地坠落下去,像一粒枪弹似的,绳索很快地随着旋解开,辘轳和柄旋转得好像一只疯老鼠,这个时候你最好离开一点,要不然柄会不客气地打着你。

有锤的时钟的发明者,可能是仿效了井上的辘轳。那提桶就等于时钟的锤,那旋转的柄就等于时钟的指针。但是提桶一经放脱,它就飞落下去,像闪电似的,自始至终越来越快。柄旋转得非常快,简直数不清它转动的次数。但是时钟的指针,必须要慢慢地走。就是秒针,

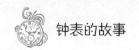

也不能走得太快，因为时钟是测量小时的，不是专测量秒的。而且指针移动，必须快慢一样，不能像辘轳的柄似的，提桶越往下去，它转得越快。

这就有了困难。必须想出一种方法，能制住那松解的绳索和下坠的重物，同时要使辘轳松解的快慢一样。一切时钟里面，都装置有这样一种机械，叫作调节器，控制时钟的速度。用发条的时钟，也有这种调节器。如果卷紧的发条，突然放松了，一眨眼工夫，它就松开了，时钟也就立刻停止了。所以发条也必须慢慢地均匀地松解才好。

谈谈"兔子"

你要了解最初的时钟里的调节器是怎样转动的，

就得回想一下乘小汽船沿涅瓦河的旅行。上码头的时候，你们必须经过一个旋转栅——这种装置是防止旅客拥挤登岸，使他们不得不一个一个地走过。公园的门口，也常常装有这种旋转栅，用来拦捉那混入公园的"兔子"——不是四只脚的兔子，而是两只脚的"兔子"。

经过旋转栅的时候，你把它向前推去，它就转动了，挡住你后面的人。现在试想那些锤，一经释放，不但要转动那轴，而且还要转动附在轴上的小齿轮。这并不是一件难办的事，我们马上就要看到这是怎样的一个做法。

无论如何，我们必须管住这个轮子，使它慢慢地转动。要做到这一点，我们必须要管住那小轮的齿，正像旋转栅管制经过的行人一样。

下页的图画就说明了这个小轮。旋转栅又叫调节器，就是那有两个凸缘的黑轴。图中上面一个凸缘，被卡在齿轮上面的两齿中间。那个被凸缘阻挡前进的齿轮就推动那凸缘。这样一来，使那轴转动了半圈，于是

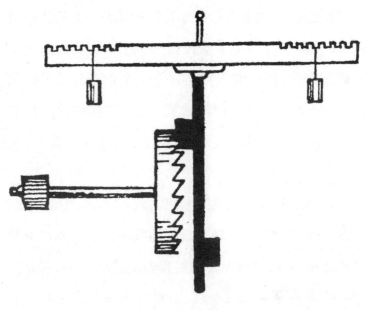

时钟的调节器

下面的凸缘又卡在下面的齿轮中间——轮轴就是这样旋转不停。在轴的顶上安一横棒,横棒两头各挂一个小锤,这就可以使齿轮转动旋转栅,不会转动得太方便。如果没有这种调节器,那锤会很快地落下来。但是如果强迫齿轮去转动那挂着锤的横棒,那就是给了它一件艰难的工作,因此它才慢慢地有规律地走动——轻轻地弹动。

在下面的图画中,你可以看出一个时钟是怎样构成的。你可以看出,哪个是锤,哪个是轴,哪个是齿轮及其旋转栅。(这个齿轮叫作操纵轮,这个旋转栅叫作平衡器。)左面画的是指针。这是时钟的侧面图,你只能看见钟面的侧面,所以钟面上的数字不能画出来。

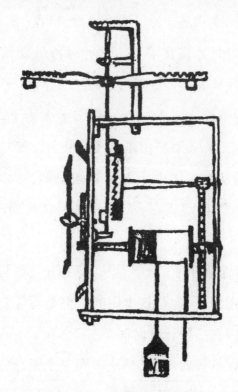

时钟是怎样构成的

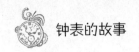

轴转动的时候,它就开动了全部机器——指针和调节器。有两套齿轮,传递这种运动,左边的一套(小齿轮和大齿轮)推动指针,右边的一套拨动发动轮的轴。

最初时候的时钟,和现代的比较起来,就非常简陋了,指示时间也不准确。第一层,从前的时钟,只有一个时针,每天要开好几次。为了这个缘故,亨利·德·腓克不得不跟他的时钟住在塔里。这种时钟反复无常,必须小心看管。早先的时钟面上的数字,是从一到二十四,跟现在的一到十二不一样。在头天太阳下山后敲一点钟,到第二天太阳下山敲二十四点钟。古时候,计算时日,总是从第一天太阳下山时起到第二天太阳下山时止,并不像我们现在,从头天的半夜起到第二天半夜止。

后来,钟面改变了。数字是从一到十二,重写两圈,一圈是夜里用的,一圈是日里用的。但是不久之后,他们就像我们现在一样计算时间了。

我们现在计算时间,又是从零到二十四,这倒是很有趣的。在有些国家的军队里和铁路上,早已采用这种制度了。然而,我们一般人都欢喜说晚上十一点钟而不说二十三点钟。

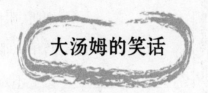

大汤姆的笑话

我房中挂的时钟,时常也喜欢闹点笑话。譬如今天中午,它不敲十二下,而是敲了十四下。如果连我们造得最精确的时钟也闹这种乱子,那么我们老祖宗所用的时钟,又会怎样呢?

威斯敏斯特的大汤姆,有一天就玩过一次这样的把戏,好像忘记它不是小汤姆了,而且凑巧得很,这次笑话竟救了一个人的性命。据说故事是这样的:从前有一个卫兵,他的职责是站在伦敦王宫前守卫。有一天夜里,他正靠着他的枪,想着夜里多么寒冷多雾,还有多

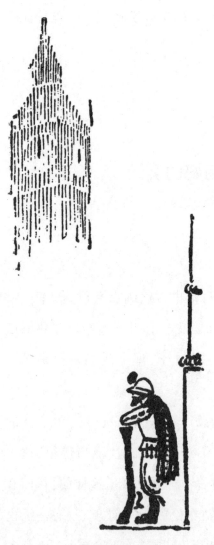

大汤姆和卫兵

久他才能交班。就在这时候，他忽然听到附近有一种隐约的含糊的响声。他抬头细听，眼睛注视着黑暗中。那时候，夜里街上不点灯，所以在黑暗中很难看见东西。这卫兵沿着宫外走了几步，但是那声音不再响了。正在这个时候，威斯敏斯特的钟响了起来。

大汤姆是卫兵的一个好朋友。那报时的钟声，原是拖延得很长的，这次似乎缩短了，卫兵拿他的枪托在地上敲着,计数钟声。十二下之后,他加了一下,一共是十三下。

第二天这个卫兵被捕了。大概是昨夜十二点钟的时候,王后的宫殿里有一串宝贵的项链失窃了。他们控告这个卫兵在放哨的时候睡着了,所以他没有发现贼从街上潜进宫里来。

如果这个可怜的人,不能证明他半夜里没有睡觉,那他就要吃苦头了。幸而他记得那时候大汤姆打了十三下,于是他说出这回事,证明他并没有睡。他们把那居住在钟塔里管钟的人唤来询问,他确切地证明卫兵所说的事,那个钟确是打了十三下。对于这样一个铁证,当然是没有反驳的余地,所以他们就把这个卫兵释放了。大汤姆救了它的朋友的性命。

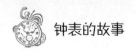
纽伦堡蛋孵化出什么东西

　　你可曾注意过一切东西的生长？在二百年前,三层楼的房屋是很少有的,现在在美国竟建起了一百多层的高楼大厦。从前的小汽船,比起现在航海的大海轮

来,简直是矮子见了巨人。像这样的例子你可以找到千千万万个。

但是时钟的情形刚刚相反。最初的机械时钟都是巨大的塔钟,它们的锤都有几百磅重。许多年之后,时钟才缩小到现在的壁钟、台钟和表那样大小。

第一个手提的时钟是在大汤姆二百岁的时候,法国国王路易十一命人制造的。这个时钟,并不见得很小,当然不能随身携带在衣袋里。当国王出外旅行的时候,这个时钟装在箱子里,由马匹驮着走。有一个特派的马夫,专门负责照管马和时钟。不知道他会不会把两样职责弄混了,拿燕麦喂钟,替马上发条。

大约是在1500年,怀表终于出现了。表的发明者,是德国纽伦堡城里的一个钟表匠,名叫彼得·亨莱。据说他从小就聪明过人。他要解决的这个问题,确实只有绝顶聪明的人才能解决得了。

最困难的一点就是用什么东西代替锤做发动机。彼得·亨莱想到用发条。发条的主要特点就是它的刚性。无论你怎样把它卷起来,它总想旋解松开。这正是

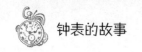

一般人所不欢喜的特性，彼得·亨莱却决定来利用它。

表里面藏着一个铜制的小平盒。这个"鼓形轮"好比是一个小屋，里面装着使表走动的发动机——发条。发条的一头，就是里面那一头，是不能动的，固定在鼓形轮的轴上。外面的那一头是连在鼓形轮的壁上的。

我们打开表的时候，就是转动了那鼓形轮，同时就卷紧了发条，使它的外面那一头在那里打圈儿。但是我们一放手，那发条就开始旋松，外面那一头就恢复到原来的位置，鼓形轮就反转回来，跟先前顺转的次数相等。

这就是全部的戏法。

有几个齿轮，把鼓形轮转动的力量传到指针，正像有锤的时钟里面的一样。为了控制发条的松开，彼得·亨莱也采用了大时钟里用的平衡器。

下图就是彼得·亨莱自制的铁表。表盒后面的盖子去掉了，所以你能看见机器。右边是个大齿轮，和鼓

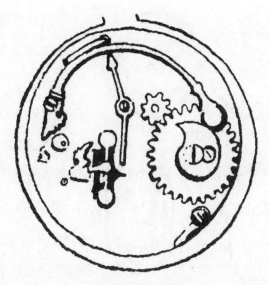

彼得·亨莱发明的铁表

形轮安在同一轴上。鼓形轮在这个大齿轮的下面。这个大齿轮,是用来上发条的。把钥匙插在这小齿轮的轴上,转动它,小齿轮就转动大齿轮和鼓形轮。其余的齿轮就依次转动起来。而转动指针的其他齿轮,都藏在遮盖内部机器的盖片下面。左边是一个小平衡器,有两个小锤,和大钟里横条上的锤有同样的作用。

这种表只有一个指针,没有玻璃面。每个数字外边,有一个小瘤,所以你在黑暗中也能摸出时间。

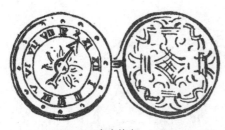

有瘤的表

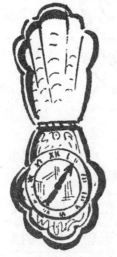

纽伦堡蛋

这些小瘤，还有一种作用。古时候，客人看表，是非常没有礼貌的。如果你看你的表，主人就以为他的唠叨使你厌烦了。所以客人要走的时候，就小心地把手伸进背心口袋里，摸摸指针和指针旁的瘤。

现在的情形，刚好是相反的——客人尽可以随意看他的表，但是主人必须要忍耐着等客人走后，才敢从口袋里摸出表来看看。

最初的怀表，叫作纽伦堡蛋。它们有许多确实是蛋形的。但是不久后，他们就把表制成种种形状。有星形，有蝴蝶形,有书形,有心形,有百合花形,有橡实形,有十字架形,有头壳形——一句话,你爱什么形状,就做成什么形状。这些表常常涂着珐琅,嵌着宝石,装着小肖像。把这样美丽的小东西,藏在衣袋里,似乎是很可惜的,所以渐渐有人将它挂在脖子上,或者钉在胸前。有些花花公子,戴两个表,一个金的,一个银的,借此夸耀他们的阔绰。把表藏在衣袋里,是很不郑重其事的。

此时表匠变得非常干练,他们能制成极小的表,当作耳环戴,或者代替宝石嵌在戒指上。和英国国王詹姆斯一世结婚的丹麦公主,有一个戒指,上面镶着一个

戒指上的小表

小表。这个小表,也能报告时刻,不过不是用响铃。有一个细小锤,会轻轻地敲戴戒指者的手指,报告钟点。

由纽伦堡蛋竟变化出这么稀奇古怪的花样来,实在不能不令人惊奇!制成这样一个戒指,一个人要有多么大的本领啊!而且在那个时候,一切工作都是用手工做的。现代的表都是用机器制的,表匠只不过把机器制成的各种零件拼合拢来就行了。他们有各种车床和机器,制造齿轮的齿和其他东西。难怪现在的表比从前便宜,人人都能买得起。我们现在所谈的那个时代,制成一只

表仍然不是一件容易的事,并且制得也不很好。所以当时的表,非常昂贵。难怪国王常常用表赏赐臣子,犒劳他们。在法国大革命时期,有许多从前服役于宫廷的医生和药剂师,都极力摆脱这种御赐的礼品,因为他们说不定会由于受到这种赏赐而需要掉脑袋。

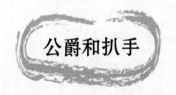

公爵和扒手

从前有一次,在奥尔良公爵的欢迎会上,发生了一

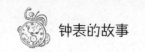
件趣事。这位公爵有一只精美的表,非常珍贵。在欢迎会将结束的时候,公爵发觉他的表丢失了。他的一个副官,听到这件偷窃案,就说:

"大人,我们应该将门关起来,一个一个地搜查。总有人偷窃大人的表。"

但是公爵自认为是个非常伶俐的人,他说:

"我们不必搜查。表会自鸣的。不出半小时,钟表会宣布出那贼来的。"

然而终究表是没有找着。显然,那窃贼比公爵更聪明,他把那表弄停了。

鸣报时刻的表,并不总是便利的。它每隔半小时鸣响一次,常常会打断人家的谈话。也许是因为这个,它终于被废弃不用了。后来英国的表匠,制成一种表,只是在把表柄按压进去的时候,才会鸣响。我有一次曾看见过这种表,表上有一个"弹机"。

你把表柄按压进去,它便发出一种非常好听的声音,几个小锤敲击,先鸣报时,接着报刻,最后报分。人们自然

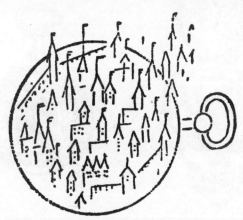

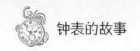

钟表的故事

而然地会感觉到这种悦耳的声音,仿佛是从另一个世界送来的,以为这是仙境中的一种优雅的铃声,其实我们和那仙境不过是隔着一层表壳罢了。

英国国王查理二世赠送了一只新发明的"打簧"表给法国国王路易十四。英国表匠为了防止别人窥破发明者的秘诀,就在表壳上装了一道锁,使法国人打不开。要打开表壳,看里面的机器,是绝对不可能的。法国国王的表匠马丁尼无论如何费力,也打不开。于是人们就依从他的劝告,前往加尔默罗修道院,请来了九十岁的老表

匠特鲁舍。这位老表匠后来是在那修道院里去世的。

他们把表给这位老人看，却没有告诉他是谁的表。特鲁舍不费吹灰之力打开了这表壳，窥破了英国表匠的秘密。人家告诉他，为着这件工作，他得了每年六百立佛耳①的养老金，他惊讶得不得了。

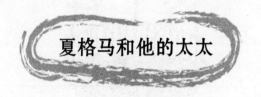

夏格马和他的太太

如果你在法国第戎城逗留过一些时候，他们就会把夏格马和他的太太指示给你看。夏格马是一个中年

---

① 立佛耳，法国古银币。

夏格马夫妇

人,阔阔的肩膀,矮胖的身材,嘴里叼着一个烟斗。他的
太太跟一般市集日从四乡到第戎来的农妇一模一样。
然而夏格马是天下闻名的。有一首诗叫作《夏格马的结
婚》,是写来赞颂他的。第戎的市民常常很恭敬地看着

这对夫妇,也就是说,他们抬头仰望他俩。他们也只能这样望着他俩,因为夏格马夫妇从不走下他们所住的高高的钟塔,他们被人安排在那儿,用手中的锤敲着那个声音洪亮的钟,报告钟点。

夏格马被安排在那儿,已经很久很久了,大概和亨利·德·腓克所造的那个时钟是同一时代的。据说这两个铜像,都叫作夏格马,是因为采用了那制造铜像和钟的人的名字。他们敲钟报时,随后有个少年出来敲钟报刻。

一年一年地过去,一世纪一世纪地过去,世界各地大大小小的城里,都有时钟出现,钟里都有成套的铃,或钟乐。有些时钟的构造,好像一个音乐箱。钟里的机械将那些小锤举起,好像钢琴上的键一样,然后再把它们放下。小锤坠在铃上,就发出声音。

另外还有一种有键的钟乐。这些钟乐鸣奏起来,好像我们弹钢琴似的。这些铃是这样装置的,第一个发出do(哆)的声音,第二个发出re(来)的声音,第三个发出mi(咪)的声音……如此类推下去,所以它能够奏出各

种音调。这种钟乐有三十个铃,有的甚至有四十个铃。有一个时期,这种钟乐非常普遍,尤其是在荷兰。大概就是在那儿,彼得大帝爱上了钟乐。圣彼得堡的许多教堂里,都装着钟乐,这些钟乐都是从外国输入的,花费很大。俄国竟没有一人会奏钟乐,所以不得不到外国去聘请乐师来奏钟乐,俄国人把他们叫作"奏钟乐的乐师"。那时候传下了一本记录簿,在那里面我们可以读到:

1724年4月23日与外国奏钟乐的乐师佛尔斯德，订立合同，佛氏必须在圣彼得堡的宫堡服侍殿下三年，在彼得和保罗尖塔上奏钟乐。

彼得大帝另有一种有名的玻璃铃做成的钟乐，那些铃都是用水击动的，像水钟似的。1725年，彼得哥夫举行一次提灯大会。有个到场的人说，欣赏到这种水钟乐，人们是多么惊讶、痴迷啊。当时，他们把这种钟叫作"用水走的小钟"。

两个孩子

记得在本书的开头，我们说过，测量时间有种种方法：依看书所看的页数计算，用灯里耗费的油计算，还

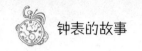
有其他种种方法。不久之前,我跟一个孩子讲,他说:

"你不能用靴尖在地上拍着,记着拍的次数,来测量时间吗?"

不等我回答,我的小朋友就发觉这种方法不行。姑且不说长时间用脚在地上击拍该是怎样吃力,而且无论如何,每次击拍相隔的时间,总不能一律相等。测量时间,只能用那种经历时间相等的工具。绝没有人采用有时长有时短的工具。

很久以前,有人开始思考这样的问题:什么东西经历时间总是相等的呢?有人说:从头天太阳升起到第二天太阳升起止,这个时间总是相等的——这就是一天。这是很正确的。他们于是制造用太阳报时的时钟。但是这些时钟,有种种不方便。你已知道其中的缘由。

另外有人用别的方法来解决这个问题。他们说水从一个固定的器具里面流出来,所费的时间,每次总是相等的。这也是对的。但是每次你必须要用绝对同等分量的水,那个漏洞里永不能有一点灰尘阻塞,还有许多事情都应该顾及,那水钟才能走得准确。而且,最好的水钟,就是提西比阿斯所发明的,也只能指示钟点,还没有谈到计分。并且,这些时钟都很容易损坏。只要那小管一堵塞,钟就停了。

有锤的时钟很简单,也比较可靠。但是你也不能断定那锤往下坠的快慢是相等的。一点也不稀奇,时钟从前比现在容易出错得多。制造时钟必须十分细心,还要拿来跟太阳核对,使它们走得很平稳。

所有这些时钟测量时间,比起那孩子所提出的靴尖,自然要高明得多,但是都不很准确。

大约是二百五十年前,另有一个孩子,他寻找一样经历时间总是相等的东西,他的名字,叫作伽利略。他后来成为一位著名的学者,差点受火刑被烧死,因为他说地球绕着地轴旋转。的确,他不能改变太阳系的秩序,使太阳绕地球转。但在那个知识闭塞的黑暗时代,他却有

伽利略

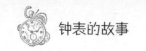

勇气断言现在每个小学生都知道的知识。因为这件事，他差点在众人面前被用火烧死，"不流一滴血"就是人们常常说的火刑。

据说当伽利略还是个孩子的时候，有一天教堂里举行弥撒祭，他刚巧在场。他的注意力完全集中在一盏大灯上，这盏灯用一根长索悬挂在那圆屋顶下面，离他不远。有一个人的肩膀撞上了这盏灯，它慢慢地摆来摆去。

伽利略觉得每次摆动所经历的时间，都刚刚相等。摆动的距离慢慢地缩短，直到灯完全停止为止。但是有很长的时间，摆动都是快慢一样的。

后来，伽利略试验了他的观察。他发觉所有的摆，就是用一根绳索悬一个锤，如果所用的绳索长度相等，则摆动所经历的时间也相等。绳索越短，摆动的时间也越短。

你可以做几个长短不等的摆，挂在你的床头。你拨动它们，就可以看出那短的比长的摆动的次数多，长度相等的，摆动的次数也相等。你可以做一个这样长的摆,每次左右摆动,刚刚经历一秒钟。这样的摆,绳索必定要刚刚一米长。

伽利略做了种种观察之后,他发觉他已经发现那个老谜语的谜底了——他发现了一样东西,它所经历的时间,永远是相等的。于是他就着手研究怎样把摆应用到时钟里面,怎样把摆做得能调节时钟的速度。但是他没有做出这样一个时钟。完成它的,是另外一位有名的学者——荷兰人惠更斯。

摆说的话

我记得在我小时候,我还不懂时钟有什么用处,我们那个大时钟的摆,在我看来好像是一个严肃的人,老是反复不停地说着下面的忠告:

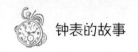

不——许，不——许，

吮——吸，手——指。

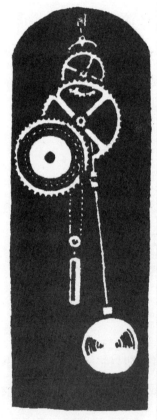

钟摆

后来，虽然我已经懂得了这种艰深的科学，知道由指针的位置辨别一天的时刻，可我依然不能完全消除时钟早先给我的那种畏惧感。那许多轮子的复杂生活，在我看来，仍是我所不能了解的一种秘密。

但是时钟的构造并不很复杂。左面就是有摆的壁钟的图画。你在这图中不难看出锤和绳索绕的鼓形轮。有一个齿轮随着鼓形轮一同旋转。这第一个齿轮转动一个小齿轮,那钟轮就随着这小齿轮转动,因为钟轮跟小齿轮附在同一轴上。这个大轮之所以叫作钟轮,是因为时钟的指针都安在它的轴顶上。

钟轮转动另一个小齿轮,操纵轮就随着这个小齿轮转动。全部构造和伽利略及惠更斯以前的时钟都一样。所不同的是这种时钟没有轴和平衡器。这两件东西用另外一种装置来替代了,这种装置把操纵轮控制住,不让锤下坠得太快。在操纵轮上面,有个像锚的弧形钩,叫作锚钩。锚钩时刻随着机器后面挂着的摆运动。

锚钩的左钩,嵌入操纵轮的轮齿中间,操纵轮就要停一刻。但是锤马上用力使操纵轮推开那阻止它的钩子。这一推就把钩子举起来了,把操纵轮的齿放走一个。这样一来,钟摆就摆到左边,锚钩的右钩落下来,又控制住那操纵轮。

一直持续运动下去。钟摆由右边摆到左边,每摆动一下,操纵轮就转动一点,却不得超过一齿。我们知道,钟摆每次的摆动是相等的。因此,很显然,钟摆可以使

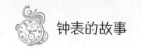

全部机器走得又均匀又准确,使时针按着正确相等的速度,一步步地移动。

现代的时钟,还有分针和秒针。这需要加上许多小齿轮来管理它们。这是细微的地方,可以不必谈了。

你可以这样发问:钟摆既然摆动得很快很快,操纵轮也一定转得很快。那么,为什么和它相连接的钟轮走得这么慢,十二个小时才转一圈呢?

问题的答案是:齿轮和小齿轮必须装置得使各轮按规定的速度转动。假设某小齿轮有六齿,和它相衔接

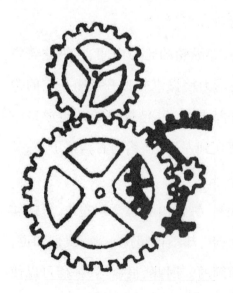

的齿轮有七十二齿。那么这个齿轮转一圈,小齿轮所转的圈数就是六除七十二。换句话说,小齿轮的转速是齿轮的十二倍。所以我们必须按照一定的比例,制成各齿轮的齿数。

钟轮的齿不必太多,可以在钟轮和操纵轮之间,再加配一套附加齿轮(就是齿轮和小齿轮)。你可以这样装置:使钟轮的转速是这对附加的齿轮的十二分之一,并且使这对附加的齿轮的转速是操纵轮的六十分之一。那么一切都很妥当了。钟轮也就不致太大,它的速度,可以刚好适合需要的速度。

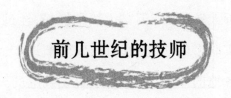

前几世纪的技师

自从摆发明之后,时钟终于变成了一种准确的仪器。它的构造,现在还在继续改良,将来也是一样,钟表会渐渐便宜且普及起来。

事情大概都是如此。

当无线电最初发明的时候,只有少数人知道,而且

他们只是听人转述的。但是无线电器械，经过许多科学家和业余实验者的研究和改良，就渐渐进步，渐渐普及了。现在各地的屋顶上，都竖立着无线电的天线杆，没有人看了会惊奇的。

的确，时钟的进步，没有无线电那么快。在亨利·德·胙克制成他的时钟之后二百年，水钟和沙钟依然比机械钟容易见到。巴黎时钟业公会刚成立的时候，只有七个会员。二百年后，就增加到一百八十个会员，甚至连马车夫都渐渐地有了时钟。

如果我们回到18世纪，看看当时的时钟工场，我们

18 世纪的时钟工场

可以看到一间大房,靠墙有一排长桌。有几个工人穿着
粗外衫,在桌旁做工。这些人都是做日工的钟表匠。他
们都坐在那久已磨坏了的皮凳上,正在辛苦工作。桌上
有各式各样的小锉刀和小锤,但是看不见一部机器,也
看不见一部车床。所有的东西都是用手做,而且做得多
么精巧呀!

乐钟

　　比如看这座时钟吧，很像一座房屋，有一个轻巧的圆顶，四角有四个长须巨人支持着。小小的墙壁，装饰着凸雕的精细的花样。圆顶的周围和三角顶上，都雕刻着许多狮子、半狮半鹰的怪物，以及其他奇形怪状的动物小像。

工场老板又在什么地方呢？他站在那儿，和一位买表的王孙公子谈话。那个穿着长袍、戴着高帽的老钟表师傅，正在对他的显贵的主顾说明他的表不能赊卖。这位殿下已经欠他五百金镑了。

你从那敞开的门里，可以看见殿下的马车，是一辆笨重的四轮轿式马车，车轮很大，弯玻璃窗，装潢极美。

看起来，那老头子似乎要让步了。和这样高贵的人物争论，总不免有些危险，一不小心就要捉你进巴士底监狱呢。

要做一个好的钟表匠，就得首先是一个好技师。那时候没有技术学校。知识都是由父亲传给儿子，由师傅传给学徒。难怪从前许多有天才的发明家，都是钟表匠。纺纱机的发明者阿克赖特①就是个钟表匠。他们把他叫作"诺丁汉钟表匠"。制造珍妮纺纱机②的哈格里夫

---

① 阿克赖特被认为是水利纺纱机的发明者（1769年），实际上他利用了托马斯·海斯的发明（1767年）。马克思说阿克赖特是"偷盗别人发明的最大的贼"。——原书编者注
② 哈格里夫斯制造珍妮纺纱机是在1764年。——原书编者注

富尔顿

斯,是个钟表匠。汽船的发明者富尔顿①也是一个制造钟表的专家。

那些技师,都没有进过专业技术学校,只不过是坐在钟表工场里的小皮凳上自己研究。他们所发明的机器至今依然有人使用,样式自然是有了很大的改进。

但是这还不算什么。钟表匠的一双手,就是那些惯于处理这类小东西的手,却干出了伟大的事业。

自从纺纱机、织布机、蒸汽机以及其他的机器出现之后,手工业就给机器工业淘汰了。石砌的工厂和制造厂在各处勃兴起来。农村里的人从乡下跑到城市里来找工作。世界上一切情形都改变了。18世纪离我们并不很久,在那个一百年或一百五十年当中所发生的变化,

① 富尔顿制造世界上第一艘轮船是在1807年。——原书编者注

104

比前一千年发生的变化要大得多。所有这些变化，都是由那些发明机器的人造成的。在那些发明者当中，钟表匠绝不会排列在人名录的末位。

机 械 人

有许多稀奇的故事说到人造的机械人，它能够听人指挥，做各种事务。你只要按一下按钮便行。比如，有一个故事说这种人体模型的发明者，他家里一个仆人也没有，一切事情都是由人体模型做的，它们都一声不响，又准确又敏捷。这位发明者认为人体模型用不着头脑，所以他把它们都做成无头的家伙。

但是并不是完全需要把机器制成人形。如果你到纺织厂里去，就可以看出一台机器工作比一千个纺织

工人快得多、好得多。造一千个手里拿着纺锤的人造女工，来替代一部大机器的工作，这又是多么愚笨的事！

　　阿克赖特、哈格里夫斯及其他最早的机器发明人，都深知这种道理。但是有些钟表匠，喜欢制造这种机械人。他们有几个人制造人体模型，确实成功了。那些机械人虽然是一点用处都没有的玩具，但确是很灵巧的玩意儿。

　　在1779年第五十九期《圣彼得公报》上，有下面这样一则广告：

经警察长许可,在本城喀山教堂附近,将陈列一个本地从来没有见过的机械音乐机。这是一架大钢琴,琴前面的凳上坐着一个穿得很时髦的女子,她在那儿弹琴。她弹奏十支通俗的曲子,包括三支舞曲、四支歌曲、两支波兰舞曲和一支行军曲。她用一种不可思议的拍子,弹奏那些最难演奏的部分。每曲开始,她恭恭敬敬地对听众鞠躬。她那手腕的灵活运用,眼睛的自然表情,以及头部端庄、从容的运动,必会使精通机械学的或爱好艺术

的人们心旷神怡。没有一个看客不被感动。这架机器陈列的时间是每日上午九点钟至晚上十点钟。普通人每人收五十戈比的入场费。达官贵人可以随意赏赐。

此外还有更奇异的机械人。有一个法国人造了一个吹笛者,他能吹奏十二种不同的曲子。他的手指动得极快,好像那双手是活的一样。

这些机械人的制造者当中,最有名的是瑞士技师德罗和他的儿子。他们所制造的玩具中,有一个孩子坐在凳子上,伏在桌上写字,他时时把钢笔放入墨水瓶里去蘸墨水,并且会揩去多余的墨水。他用一手美丽的书法,写出完整的句子,插入适当的字母,字与字之间都会留出相当的空位,一行写完,又写第二行。隔一会儿,他就看一看桌上放着的一本书,他就是在抄写那本书。

另一个玩具是一只狗衔一篮苹果。如果你从篮里取了一个苹果,那狗就叫起来,叫得非常自然。如果附近有真狗听到了,也会跟着叫起来的。

德罗父子还做了一个机械女性奏乐者,弹奏大钢琴。也许这就是圣彼得堡所陈列的那个"音乐机"。

　　但是德罗父子顶呱呱的作品是一个木偶戏院,演出全出戏剧。布景是阿尔卑斯山的草场,四周都是高山。一群羊在草场上吃草,牧羊人在旁边看守着。山脚是一家农人的茅屋,山谷对面小溪的岸上有一个磨坊。

　　开场是农夫骑着小驴子,从院子的大门里走出来。他到磨坊去。当他走近羊群的时候,狗就叫起来。牧羊人从附近的小洞里走出来,看看发生了什么事。在他进洞以前,他取出一支管箫,吹出一支可爱的小曲子,山谷里发出一片回声。

　　同时,那农夫骑过溪上小桥,走进磨坊。他出来的时候,是牵着那驴子步行的,驴子载了两袋面粉。他回到他的茅屋,牧羊人走进洞里,布景依旧像开场一样。

　　我还得补充一点, 这个小山谷上面, 还有一片天空,太阳正渐渐升起。当指针正指着十二点的时候,太阳正升到天顶,随后便慢慢地偏落下去。

　　俄国也有几个聪明的机械玩具的制造者。陈列农

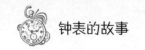

奴历史的列宁格勒博物馆里，有一辆四轮无篷的马车，附带着一个音乐箱和一件测量路程的器具。当你乘这辆马车旅行的时候，那音乐箱会奏出歌调和行军曲来使你快乐，那量表计算着所行的路程。在音乐箱背面，雕刻着一个人像，有一大把胡子，穿着农夫长袍。雕像下面有这样一段铭文：

　　这辆马车的制造者是喜宁斯基，他是尼尼·达基尔工厂的一个居民。他做这个东西，是因为他对于研究学问和奇异的知识感兴趣。这东西是1785年开始制作，1801年完成的。

　　一个人花费十六年工夫，制造这么一样只可玩玩，而没有实用的玩具，想起来真是不可思议。但是这事只能发生在农奴时代，因为那时候人工是不值钱的。

　　还有一个自学成才的俄国人库里宾，做了一个蛋形时钟，能够鸣报小时、半小时和刻。每小时蛋中央的门会打开，蛋里有些小人演奏钟乐，钟乐完毕，门又关闭起来。

库里宾还发明了一种"自动推进小船"。

德罗父子所制造的东西当中,还有一件奇异的蒸汽机,它的汽锅是木头做的,看来也是很有趣。这是一个奇怪的时代,技师们除了制造"自动推进小船"和蒸汽机之外,还发明机械狗和机械牧人。这个时代,正如普希金所说:"客厅里充满了各式各样的妇人的玩具,都是18世纪末发明的,和蒙戈尔费埃的气球是同时发明的。"①

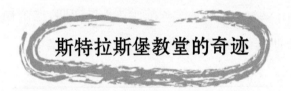

斯特拉斯堡教堂的奇迹

我们用机械的器具计算时间,但是我们计算日子

_____

① 最初的气球是蒙戈尔费埃兄弟所造的。

差不多还是和鲁滨孙①一样简单，他是每天在他的手杖上刻一条痕。为什么我们不做一个机械的日历呢？试想一下，一本日历每年开一次发条，或者更省事，每十年开一次发条。每夜正十二点钟，自己就脱落一页，好像树叶从树上坠落似的，飘飘地落在地上。

这种日历倒是那些糊涂人的宠物，因为他们有时一撕撕去两页，有时整个月都忘记撕日历。这样，会闹出什么乱子呢？星期四，这个糊涂蛋忘了赴他的约会，因为他的日历上分明印着：

三月

8

星期二

---

① 鲁滨孙，英国18世纪著名作家笛福的小说《鲁滨孙漂流记》中的主人公。

　　还有,本来是他休息的日子,他跑去工作,因为他那不可靠的日历还没有脱离昨天。

　　在那种以发明各种新奇古怪的东西为时髦的时代,确有几种机械日历。其中最有名的机械日历在斯特拉斯堡城中。这个城里仍可以看到一座古教堂。这个教堂的建筑连续进行了几个世纪, 实际上它现在还没有真正完工。按建筑师的计划,在这宽阔的屋顶上,要建造两个塔,现在只有一个尖顶塔耸入云霄。

　　在教堂里面一扇高大的彩色玻璃窗下面,有一座大教堂的模型,也有同样的尖塔。这就是斯特拉斯堡教

堂著名的时钟。

　　塔上有三个圆面。最下的圆面就是一个日历：一个能够旋转的大圆圈，分成三百六十五等份——就是一年的日子。旁边是太阳神阿波罗和月亮女神狄安娜的雕像。阿波罗手里拿着一支箭，指着日期。

　　每年，到12月31日夜里十二点钟，以后每一星期中的日子，都要换新位置。像复活节之类的节日，每年是不同的，也依照规定的次序排定。遇到闰年，就额外增加一天，就是2月29日。

　这件奇异的机械日历，就是制造斯特拉斯堡时钟的钟表匠什维尔格的作品。中间那个圆面，是一个普通时钟，指示一天的时刻。上面那圆面是个行星仪。如果你要知道天空中行星的位置，你只要看这行星仪就行

什维尔格制造的钟

钟表的故事

了。圆圈的周围排列着黄道带十二星座,叫作星座的行星都由它们那儿经过。有七根针指着七个行星的位置。

现在造出了许多更惊人的行星仪。现代的行星仪是一座整幢的房子,可以坐许多观众。在圆顶里面星星闪烁着。行星从恒星之间走过。太阳和月亮升起来,又落下去。行星仪的中央有一个很大的反射器,照耀着圆顶,像一幅银幕,把恒星和行星都映出来了。

这种行星仪莫斯科有一座,芝加哥也有一座。它们建造起来都不太久。你坐在那里面,你会忘记你头上那广大、开阔、繁星闪耀的天空不是真的,而是金属的

圆屋顶。你会忘记此刻在街上太阳依然照耀着,你会忘记此时并不是夜晚,而是一个明朗的晴天,或者是一个阴雨的早晨。

到斯特拉斯堡教堂去的游客,并不把那机械日历当作最有趣的东西看,对于行星仪也是这样。他们觉得最有趣的是许多小像,这些小像会转动,使得那复杂的构造变得有了生气。

塔的上部有两层走廊。每过一刻钟有一个小人跑过下层走廊。第一刻钟是一个孩子。十五分钟之后,走来一个青年。再过十五分钟,走过一个中年人。最后分针指着十二点的时候,走廊里就出现一个蹒跚的老头子。在他的肩上,坐着死神,手里拿着镰刀。所以在短短的一小时之内,观众看见整个人生的过程在眼前走过。

这些小像一个个都在钟乐上,鸣报时刻。到了正午十二点钟,有一队共十二个穿僧侣法衣的小像,走过上层走廊。同时,从小塔里发出一种快乐而不严肃的"喔喔"的啼声。这是从一个小雄鸡的像里发出来的,它在按照自己的方式庆祝正午。

大 本

大本，这不是一个黑人首领的名字，也不是热带植物的名字。大本是伦敦最大的时钟，也许也是世界上最

大的时钟。它住在威斯敏斯特塔上，它的祖父大汤姆曾经在这里住过。

大本有四个钟面，在这四角形的塔上，每边有一个。每个钟面的直径有八米。如果你以为这并不算大,那么把你房间的长度量量看。我相信你就会知道大本的钟面比你的房屋大多了。

　分针有三点五米长。一个人和这分针一比,就像一只蚂蚁和火柴相比一样。每个数字有四分之三米高。摆有二百千克重,比三个成人还要重。分针每移动一下,就是十五厘米。

　你看,大本是多么巨大啊。

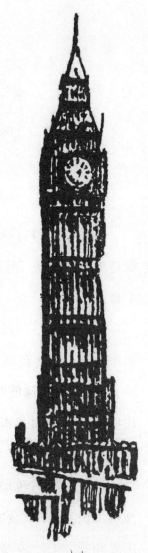

大本

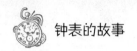

表也有摆

　　机械人、斯特拉斯堡时钟、大本——这些都是时钟制造史上的奇迹。但是那最普通的小袋表,也完全是一个奇迹。

　　从彼得·亨莱的时代起,表的里外都大大改变了。如果你还记得,在纽伦堡蛋里面,调节表是用平衡器的,像那时候有锤的时钟里面的平衡器一样。用摆来替代壁钟里面的旧式轴,是惠更斯首先发明的,他还替表发明了一种调节器。你大概不会忘记为什么要有调节器。那操纵轮的转动,必须要有控制,才能不让发条松开得太快。如果表要走得准确,这些短促的停顿时间必定要相等才行。在壁钟里面,是用摆来完成这项工作的。摆每次摆动的时间都一律相等,每摆动一下,操纵轮就转过一齿。

表里却不能有摆,因为它无论是站着、卧着,甚至于翻筋斗,都要能走动。但是惠更斯也替表想出了一种摆。这种摆是一个飞轮,有一根螺旋形的发条,名叫游丝,固定在它的轴上。游丝的另一头固定在表里一个固定的金属片上。

飞轮

如果你把那飞轮向左或向右推动一下,然后放手,它就会像钟摆一样地摆动起来。这是由于游丝有倔强的特性,用科学的术语说就是它的弹性。我们转动飞轮,就把游丝卷紧了。一放手,它就开始松开。如果没有飞轮,游丝立刻松开,那就完了。但是飞轮像载重的车

子一样——你一推动它,它就不会立刻停住。那很重的
飞轮使游丝不容易松开,而且向相反的方向往回转,自
己卷紧。这样往返不停,如果没有东西制止它,这平衡器
就永远摆动下去。但是,如果飞轮不是当作表里的机械,轮轴的摩擦力和空气的阻力不久就会使它停止摆动。飞轮像钟摆一样,继续不断地使平衡器摆动。这就使轮子转动的速度非常平均。

表的机械构造

时钟的摆和表的摆轮有同样的功能,这还不是它们唯一的相同点。科学家发现螺旋形游丝的摆动和钟摆的摆动一样,每次时间恰恰都相等,绝不会一次摆动五分之一秒,另一次快点或慢点。螺旋形游丝有这种重要的特性,使得惠更斯想出在表里面利用游丝来代替摆。

你们也许会觉得奇怪,操纵轮怎样使平衡器摆动,

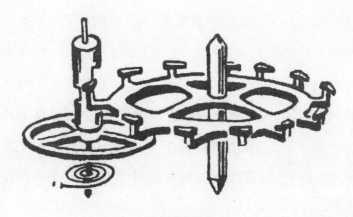

摆轮和操纵轮

平衡器又怎样控制操纵轮呢？做这件事有两种方法。有些表是用锚钩的，像我们前面所说的时钟里面的一样。锚钩和摆轮连接着，摆轮每摆动一下，锚钩就使操纵轮停一下，先用这边的钩子，后用那边的钩子。操纵轮反转过来又推动锚钩，使它摆动，摆轮就随着它摆动。

但是有许多表，操纵轮和平衡器连接的方法完全不同。摆轮轴是圆筒形，筒的一边有一个开闭器。这圆筒阻止操纵轮前进。比方说操纵轮有一个齿刚走到圆筒，碰着圆筒壁(图一)停一停。停住了，这个轮齿就得等到游丝松开，使开闭器转到它那儿才能让它前进。

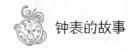
这个轮齿一走进圆筒,就抵住开闭器的外边,并且帮助游丝推圆筒向右转(图二)。但是现在这个轮齿碰到了圆筒的内壁(图三),又停住了。它又要等游丝向相反的方向回转,推圆筒向左转替它开一条出路。这个轮齿转出来了,又抵着开闭器的外边,推动圆筒,帮助游丝推它往左转(图四)。如此连续摆动下去,直到表停住为止。

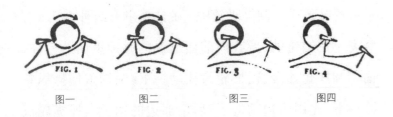

图一   图二   图三   图四

有这种调节器的表,都叫作筒形表,比锚形的便宜,但是不很好。因为轮齿和圆筒常常摩擦,表会慢慢地毁坏,假使所用的表油很差,表就损坏得更快。

意外救急法

机器像人一样,也会出毛病。使用机器的工人,必须当心机器的健康。他必须小心察看:机器不能太热,轴承不能因摩擦而烧毁。他必须留心细听那轻微的碾轧声,或辘辘声,或其他种种不规则的声响。在大多数情况下,补救法很简单——用机械油。在那转动的部分倒一些油,一切转动又顺利了。但是还有更厉害的毛病,这种家庭补救法是没有效的。那就得去请专

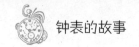

家——机械师。这位医生常常先诊断出应当施行的手术，然后用他的外科器械——螺旋钳、凿子和锤等工具——去工作。

表是一部机器。不错，它并不是一部很有力量的机器，大约只有三亿分之一的马力。它是一部非常脆弱的小机器。表的机械构造，最怕潮湿、肮脏、灰尘、震动。它喜欢用最贵的油，用骨髓做的油，或者是特制的橄榄油。

表的毛病，常常自家可以修理。如果你的表停了，先要察看那分针是不是抵触到了玻璃面，指针是不是

两个碰在了一起。如果表面上都好好的，那就打开表壳，察看操纵轮是不是被灰尘阻塞了。这是可以用羽毛刷去的。

如果表走得太慢或太快，你可以移动那调节器的位置，有个箭头安在

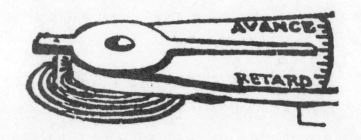

摆轮的轴上。在这箭头的一边，你可以看见法文字"AVANCE"（加速）或英文字"fast"（快）；另一边是法文字"RETARD"（减速）或英文字"slow"（慢）。在这箭头短的一端下面，有一个细钉压在游丝上。我们把箭头从"RETARD"向"AVANCE"拨动，也就移动了这细钉的位置。于是游丝游离的那一头，本就不受什么阻碍的，这样一来，缩短了一点，因而更加富于弹性。这就使得摆轮的摆动加快，于是表就走得快一点。

我们移动箭头的位置仍不能完全治好表走慢的趋势。我们只能暂时修好它。如果我们不拿它到钟表店去清洗上油，迟早它是会慢下去的，直至完全停止。毛病就出在用来润滑各部分的机械油上，它因和空气接触变质了,变成酸性,变得很厚。发条就要努力战胜越来越多的摩擦力,直至最后做不动它应做的工作了,于是只得宣告罢工。

有时比刚才说的还更糟。表不走了,是因为发条断了。如果遇到这种事,你自己可以发觉的。试用一根削尖的火柴,来回拨动表里的中心轮,就是靠近发条的那个轮子。如果这轮子是活动的,那就是发条断了,不论你愿不愿意,你一定要拿它给钟表匠修理。

钟表店是多么容易令人联想到医院的病房啊!有的病人狂得胡言乱语,乱撕祈祷文。有些病人拼命咳嗽,咳得声嘶力竭,永远不会好,直到他们肺里的斗争完结为止。还有些病人昏昏沉沉地躺着,一点声息也没有。

小表的轻微的嘀嗒声,大时钟的稳定的叮当声,一片嘎嘎声和呻吟声,混合成一种大声响,如果你没有听惯,那真会叫你头痛。在这一片喧闹和混乱的声响当中,那位主治医师——钟表匠,不慌不忙地、镇静地做他辛苦的工作。好像完全毁坏了的表,经过他老练的手,又变得年轻、快活而康健了。

运输时间

谁发明一种运输时间的完善方法,就赏给他一万英镑。

·

这个告示,是英国议院1714年出的。有许多人即刻动手研究这个难题。运输时间,不像运输酒和胡椒一样,你不能拿它装载在船舱里,或装在酒瓶里。

不要以为这本忠实的小书的作者,突然发痴了,或者以为他和你开玩笑。运输时间,不但是可能的,而且是绝对需要的。

我们大家都晓得:水手在海洋上需要测定纬度和

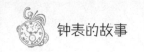

经度才不致迷失路途。纬度是由北极星的高度来测定的。船越向北方去,北极星在天空中越高。

但是经度——就是离本初子午线的距离——却由另一个方法来测定。在各条子午线上,时间都不相同。太阳在莫斯科升起的时候,伦敦仍是夜晚。因为伦敦在莫斯科的西边。那由西向东转的地球,还没有把伦敦带到太阳光下。如果某一地点,是正午十二点钟,那么在这地点偏西十五度,就不是十二点钟,而是十一点钟;偏西三十度,就是十点钟,如此类推下去。

十五度等于一小时的时间。

所以旅行的时候,你必须随身带一个表,拿表上的时间和当地的时间比较,来确定经度。如果你的表比当地的时间早两个钟头,那就是表明你已向西走了三十度。

在大海里,你在附近找不到人来询问时间,对表只有参照太阳和星星。这岂不是很简单吗?看来似乎很容易。你只要带着你的表,那就行了。为什么又要为这事悬赏呢?

说是这么简单,实际上并没有这么简单。你知道,表是一种容易变化的机器。它不喜欢震动,在船上常常会晕船。一会儿走得慢,一会儿走得快,所以不可以信赖它。比如,表走慢一分钟,计算经度就要误差四分之一度,那就是一个很大的误差。这就足够使船走错路,使它触礁。

　　所以海员都需要携带一个特制的准确的钟表,叫作计时表。全世界的钟表匠为着要发明计时表,曾经研究了一百多年,后来突然有两个人,一个是英国人哈礼逊,一个是法国人勒瓦,做成功了。

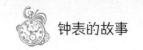

哈礼逊的计时表，在"得特福得"号船上，由朴次茅斯到横滨做了一次成功的旅行。随后不久，法国有帆的巡洋舰"黎明"号，带着勒瓦的一个更好的计时表航行。在四十六天的旅程内，这个计时表，只慢七秒钟。

和常有的事情一样，哈礼逊在长期竞争之后，只得到了一部分赏金。

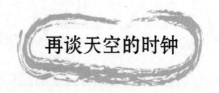

再谈天空的时钟

世界上没有走得毫无误差的时钟。天气的变化、偶然的震动、位置的变迁、机械油的变酸——所有这些情形,都能慢慢地而且确实地影响到最精确的计时表的作用。比如,湿气凝集在摆轮上,摆轮就变动了,渐渐摆得慢了,表也就走慢了,误了时刻。

温度的增高,影响到计时表,像影响到温度计一样。游丝遇热就膨胀,变得长而软弱。这就要使计时表走得缓慢。天文台里都有很精确的计时表,城市乡村的人都依照那里计时,校准他们的时间。那种计时表被当

作一个娇弱的病人,小心看护,十分静肃。简单地说,这样看来,与其说是天文台,倒不如说是疗养院,然而这种待遇会很快把人带到坟墓里去的。比如,在普尔科沃天文台里,时钟被安放在地窖里,以防温度突然变化。人只有开钟时才到地窖里去,因为就算只是靠近它,人的体温也会影响到它的速度。

　　普尔科沃天文台里的时钟,是用电报来联络列宁格勒彼得保罗炮台的时钟的。在正午十二点钟,由这炮台放出一炮,列宁格勒的市民此刻不论在什么地方,马上都停下工作,拿出表来,和这隆隆的炮声来对准。

如今也有用无线电话报告准确的时间。最先是法国人从巴黎埃菲尔铁塔发出授时信号的。随后全世界的无线电台,都仿效他们。这些无线电信号,向海陆各方发出,向在家里的市民和船上的水手,报告准确的时间。

但是我们能相信那最准确的时钟永远不欺人吗?当然不能。我们知道所有的表,都有点欺人,只不过是

巴黎埃菲尔铁塔

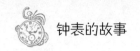

欺多欺少而已。所以我们又不得不仰赖、请教那些最初的时钟,它们在世界上还没有壁钟、袋表、大塔钟以及其他时钟的时候,就很忠实可靠地为人类服务。天空的时钟,是唯一的永不说谎的计时表。

地球转动,总是经历绝对相等的时间。看去似乎在运行的恒星,行过天空,总是以绝对相等的时间回到它们的原位。我们只有依靠星星来对准我们的表。因此,准确的时钟,都保存在天文台里。

这些天空的时钟,依旧是唯一准确可靠的时钟。现在依然像远古时候一样,天空的时钟一直默默地走着,从来也不欺骗我们。

天空的时钟